Michael Ebner

Messtechnik

in der Praxis

Elektor-Verlag, Aachen

Umschlaggestaltung: Etcetera, Aachen
Satz und Aufmachung: Michael Ebner, Typeline, Aachen
Druck: WILCO, Amersfoort (NL)

Printed in the Netherlands
ISBN 978-3-89576-167-6

Elektor-Verlag Aachen
059020-1/D

Inhaltsverzeichnis

Vorwort

Das Durchführen von Messungen gehört zu den grundlegenden Tätigkeiten eines jeden Elektronikers, wurde aber im „Basiskurs Elektronik" (auch bei Elektor erschienen) etwas stiefmütterlich behandelt. Es lag somit nahe, dieses Buch durch ein eigenes Werk über Messtechnik zu ergänzen. Wie der Basiskurs hat nun auch dieses Werk seinen Schwerpunkt in der klassischen Elektronik (also der analogen Niederfrequenz-Elektronik).

In Kapitel eins geht es um theoretische Grundlagen und vor allem um Begriffsdefinitionen. Wem das alles zu theoretisch ist, der darf weiterblättern. In den Kapiteln zwei und drei geht es um die Messung elektrischer Größen, auch das Multimeter wird hier besprochen. Kapitel vier ist dem Oszilloskop gewidmet. In Kapitel fünf wollen wir uns alles ansehen, was mit Audiotechnik zu tun hat, in Kapitel sechs geht es um die Elektrik, also vor allem die Installations- und die Geräteprüfung.

Berlin, im Januar 2007

Michael Ebner

info@tabu-datentechnik

5

Grundlagen

Das Messen von physikalischen Größen ist eine der grundlegenden Arbeiten in der Elektrotechnik und Elektronik. Es wird verwendet zum Erforschen physikalischer Gesetze, zum Ermitteln von Eigenschaften neuer Schaltungen, aber auch zur Fehlersuche in defekten Schaltungen.

Für Messungen werden oft Messgeräte verwendet, die eine hohe Präzision aufweisen. Dies sollte ergänzt werden durch Präzision in der Arbeitsweise und durch präzise Formulierung der Ergebnisse – letzteres setzt voraus, erst einmal einige Begriffe zu klären.

Eine kleine Warnung vorweg: In diesem Kapitel erwartet Sie eine geballte Ladung Theorie. Wem davor graut, der darf dieses Kapitel auch überspringen.

1.1 Größen und Einheiten

Die Begriffe für Größen und Einheiten sind in DIN 1313 (Ausgabe 1998-12) genormt. Die Einheitsnamen und Einheitszeichen finden sich in DIN 1301-1 (Ausgabe 1993-12), die einheitsähnlichen Namen und Zeichen im Beiblatt dazu.

1.1.1 Begriffe

(Skalare) Größe

Merkmal, für das zu je zwei Merkmalswerten ein Verhältnis gebildet werden kann, das eine reelle Zahl ist.

Zwei Beispiele dazu: Die elektrische Spannung einer Batterie ist ein Merkmal. Übliche Merkmalswerte sind 1,5 V, 9 V und 12 V. Für solche Merkmalswerte kann ein Verhältnis (ein Quotient) gebildet werden, und dieser ist eine reelle Zahl:

$$\frac{12\,\mathrm{V}}{1,5\,\mathrm{V}} = 8$$

Acht ist eine reele Zahl, also ist die elektrische Spannung eine Größe.

Für etwas wie *Zuneigung* kann man keine Zahlenwerte ermitteln, man muss sich mit beschreibenden Adjektiven behelfen. Auch damit kann ein Verhältnis gebildet werden, aber es ist keine reelle Zahl:

$$\frac{\text{groß}}{\text{gering}} = ?$$

Etwas anschaulicher könnte man formulieren: Alles, für das man Zahlenwerte ermitteln kann (durch messen, zählen, gegebenenfalls auch schätzen), ist eine (physikalische) Größe.

Träger

Objekt, dem die Größe in genau einer Erscheinungsform zukommt.

Eine 1,5 V-Batterie hat genau eine Erscheinungsform der Größe Spannung. Ein Dual-Labornetzgerät hat zwei Ausgangsspannun-1gen, es wäre also kein Träger.

Ein Träger muss nicht zwingend ein Körper sein, es kann auch ein Stoff, eine Stoffportion, ein Vorgang, ein Zustand oder auch eine Kombination davon sein. In der Elektrotechnik haben wir beispielsweise elektrische und magnetische Felder. Diese sind sicher kein Körper, aber trotzdem Träger einer Größe.

Größenwert

Ein der Erscheinungsform der Größe zugeordneter Wert.

Beispielsweise 1,5 V. Der Größenwert ist nicht an den Träger gebunden, derselbe Größenwert kann verschiedenen Trägern zukommen. Der Größenwert legt auch nicht eindeutig die Größe fest: Ein Größenwert von 3 m kann eine Länge, eine Breite, ein Umfang, ein Durchmesser... sein.

Messverfahren für eine Größe

Verfahren zum multiplikativen Vergleich von Erscheinungsform der Größe, das dazu dient, die Größenwerte als Vielfaches von Einheiten angeben zu können.

Wird beispielsweise eine Spannung gemessen, dann wird das Ergebnis als Vielfaches von *Volt* angegeben.

Formelzeichen für eine Größe

Zeichen, das in Formeln und Gleichungen für Werte der Größe steht.

Für viele Größen sind die Formelzeichen vereinbart oder genormt. Die elektrische Spannung beispielsweise hat das Formelzeichen U.

Einheiten, Maßeinheiten

Vereinbarter positiver Größenwert.

Die Einheit für die elektrische Spannung ist das Volt.

Einheitszeichen

Vereinbartes Zeichen für eine Einheit, das bei der Angabe von Größenwerten verwendet wird.

Für viele Größen sind die Einheitszeichen vereinbart oder genormt. Die elektrische Spannung beispielsweise hat das Einheitszeichen V.

Einheitszeichen sind in gerade stehender Schrift zu schreiben.

Besondere Hinweise auf die Größe sind am Formelzeichen, nicht aber am Einheitszeichen anzubringen. $U_{eff} = 220\,V$ wäre demnach korrekt, $U = 220\,V_{eff}$ nicht. Dies wird in der Praxis öfters nicht beachtet.

Zahlenwert, Maßzahl

Nach Wahl einer Einheit e für jeden Größenwert x sein Verhältnis x/e zur Einheit.

Darstellung von Größenwerten

Jeder Größenwert x kann als das Produkt von Zahlenwert und Einheit dargestellt werden.

Bei einem Größenwert von 1,5 V wäre 1,5 der Zahlenwert und V die Einheit. Zwischen Zahlenwert und Einheit wird kein Multiplikationspunkt gesetzt.

Größengleichung

Gleichung, die eine Beziehung zwischen Größen ausdrückt.

Als Beispiel das Ohm'sche Gesetz:

$$R = \frac{U}{I}$$

Einheitengleichung

Gleichung, die eine Beziehung zwischen Einheiten ausdrückt.

Beispiele:

$$1\,k\Omega = 1000\,\Omega$$

$$1\,W = 1\,VA$$

Merkmal

Der Begriff des Merkmals ist der systematische Oberbegriff der Größe.

Größen sind verhältnisskalierte Merkmale. Es gibt aber auch andere Merkmale wie beispielsweise die Nominalmerkmale. Dazu gehören unter anderem die Farben (rot, grün, blau...). Diese lassen sich zwar präzise bestimmen, jedoch nicht (sinnvoll) in ein Verhältnis setzen.

1.1.2 genormte Größen und Einheiten

Es wird unterschieden in SI-Basiseinheiten und den davon abgeleiteten SI-Einheiten.

SI-Basiseinheiten

Größe		Einheit	
Name	Zeichen	Name	Zeichen
Länge	l	Meter	m
Masse	m	Kilogramm	kg
Zeit	t	Sekunde	s
elektrische Stromstärke	I	Ampere	A
thermodynamische Temperatur	T	Kelvin	K
Stoffmenge	n	Mol	mol
Lichtstärke	I	Candela	cd

Tabelle 1.1: SI-Basiseinheiten

Es gibt recht viele abgeleitete Einheiten. Wir wollen uns nur das ansehen, was in der Elektrotechnik und Elektronik relevant ist:

Arbeit, Energie

Formelzeichen W, Einheit Joule, Einheitszeichen J

Die Arbeit ist das Produkt aus Leistung und Zeit:

$$W = P \cdot t$$

Joule wird wie folgt umgerechnet:

$$1\,J = 1\,Ws$$

$$1\,kWh = 3\,600\,000\,J$$

Die Einheit kWh ist bei sogenannten Stromzählern gebräuchlich

11

Leistung

Formelzeichen P, Einheit Watt, Einheitszeichen W

Die Leistung ist das Produkt aus Spannung mal Strom:

$$P = U \cdot I$$

Das Watt ist wie folgt definiert:

$$1\,W = 1\,VA$$

Elektrische Ladung

Formelzeichen Q, Einheit Coulomb, Einheitszeichen C

Die Ladung ist das Produkt aus Strom mal Zeit:

$$Q = I \cdot t$$

Das Coulomb ist wie folgt definiert:

In Ah wird oft die Kapazität von Akkus angegeben

$$1\,C = 1\,As$$
$$1\,Ah = 3\,600\,C$$

Elektrische Spannung

Formelzeichen U, Einheit Volt, Einheitszeichen V

Die Spannung ist der Quotient aus Arbeit durch Ladung, somit auch aus Leistung durch Strom:

$$U = \frac{W}{Q} = \frac{P}{I}$$

Das Volt ist wie folgt definiert:

$$1\,V = 1\,\frac{J}{C} = 1\,\frac{W}{A}$$

Elektrische Kapazität

Formelzeichen C, Einheit Farad, Einheitszeichen F

Die elektrische Kapazität ist der Quotient aus Ladung durch Spannung:

$$C = \frac{Q}{U}$$

Das Farad ist wie folgt definiert:

$$1F = \frac{1\,C}{1\,V}$$

Elektrischer Widerstand

Formelzeichen R, Einheit Ohm, Einheitszeichen Ω (griechisches groß Omega)

Der elektrische Widerstand in der Quotient aus Spannung durch Strom:

$$R = \frac{U}{I}$$

Das Ohm ist wie folgt definiert:

$$1\Omega = \frac{1\,V}{1\,A}$$

Elektrischer Leitwert

Formelzeichen G, Einheit Siemens, Einheitszeichen S

Der Leitwert ist der Kehrwert des Widerstands:

$$G = \frac{1}{R} = \frac{I}{U}$$

Das Siemens ist wie folgt definiert:

$$1S = \frac{1}{1\Omega} = \frac{1\,A}{1\,V}$$

Magnetischer Fluss

Formelzeichen Φ (griechisch groß Phi), Einheit Weber, Einheitszeichen Wb

Der magnetische Fluss ist das Produkt aus magnetischer Flussdichte mal durchflossener Fläche und somit auch das Produkt aus elektrischer Spannung mal Zeit:

$$\Phi = U \cdot t = B \cdot A$$

Das Weber ist wie folgt definiert:

$$1\,\text{Wb} = 1\,\text{Vs} = 1\,\text{T}\,\text{m}^2$$

Magnetische Flussdichte

Formelzeichen B, Einheit Tesla, Einheitszeichen T

Die magnetische Flussdichte ist der Quotient aus magnetischem Fluss durch Fläche:

$$B = \frac{\Phi}{A}$$

Das Tesla ist wie folgt definiert:

$$1\,\text{T} = \frac{1\,\text{Wb}}{\text{m}^2}$$

Induktivität

Formelzeichen L, Einheit Henry, Einheitszeichen H

Die Induktivität ist der Quotient aus magnetischem Fluss durch den elektrischen Strom:

$$L = \frac{\Phi}{A}$$

Das Henry ist wie folgt definiert:

$$1\,\text{H} = \frac{1\,\text{Wb}}{1\,\text{A}}$$

1.1.3 Vorsätze für dezimale Teile und Vielfache

Um dezimale Teile und Vielfache einfach benennen zu können, sind die folgenden Vorsätze und Vorsatzzeichen definiert:

Vorsatz	Zeichen	Faktor
Yocto	y	10^{-24}
Zepto	z	10^{-21}
Atto	a	10^{-18}
Femto	f	10^{-15}
Piko	p	10^{-12}
Nano	n	10^{-9}
Mikro	µ	10^{-6}
Milli	m	10^{-3}
Zenti	c	0,01
Dezi	d	0,1
Deka	da	10
Hekto	h	100
Kilo	k	10^3
Mega	M	10^6
Giga	G	10^9
Terra	T	10^{12}
Peta	P	10^{15}
Exa	E	10^{18}
Zetta	Z	10^{21}
Yotta	Y	10^{24}

Tabelle 1.2: Vorsätze und Vorsatzzeichen für dezimale Teile und Vielfache von Einheiten

1.1.4 Einheitenähnliche Größen und Einheiten

In der Akustik und Elektroakustik sind folgende Größen und Einheiten gebräuchlich, die im Beiblatt 1 der DIN 1301 aufgeführt sind:

Pegel

Der Pegel ist das logarithmisch ausgedrückte Verhältnis einer physikalischen Größe zu einer Bezugsgröße gleicher Einheit:

$$L = \log \frac{P_1}{P_0} \quad \left[\text{in Bel}\right]$$

Als Einheit wird das deziBel verwendet, es ist für Leistungsgrößen wie folgt definiert:

$$L = 10 \cdot \log \frac{P_1}{P_0} \quad \left[\text{in dB}\right]$$

Für Feldgrößen (insbesondere Spannung, Strom und Schalldruck) gilt wegen des quadratischen Zusammenhangs zur Leistung:

$$L = 20 \cdot \log \frac{U_1}{U_0} \quad \left[\text{in dB}\right]$$

Lautstärkepegel

Formelzeichen L_N, Einheit Phon, Einheitszeichen phon

Definition siehe ISO 131 und DIN 45630-1

Lautheit

Formelzeichen N, Einheit Sone, Einheitszeichen sone

Definition siehe DIN 45630-1

Frequenzintervalle

- Dekade, Einheitszeichen dec, 10:1

- Oktave, Einheitszeichen oct, 2:1

- Terz, Einheitszeichen terz, 1,2599:1

- Cent, Einheitszeichen cent, 1,0005778:1

$$1\,\text{oct} = 3\,\text{terz} = 1200\,\text{cent}$$

1.1.5 Veraltete Einheiten

Die folgenden Einheiten sind veraltet und nicht mehr anzuwenden. Ihre Umrechnung ergibt sich aus DIN 1301-3. (Die Darstellung ist auf Einheiten der Elektrotechnik beschränkt.)

Internationales Ampere

$$1\,\text{A}_{\text{int}} = 0,99985\,\text{A}$$

Gauß

$$1\,\text{G} = 10^{-4}\,\text{T}$$

Maxwell

$$1\,\text{M} = 10^{-8}\,\text{Wb}$$

Internationales Volt

$$1\,\text{V}_{\text{int}} = 1,00034\,\text{V}$$

1.2 Begriffe der Messtechnik

In DIN 1319 werden unter anderem die folgenden Begriffe genormt:

1.2.1 allgemeine Begriffe

Messgröße

Physikalische Größe, der die Messung gilt.

Messobjekt

Träger des Messgröße.

1.2.2 Messungen

Messung

Ausführen von geplanten Tätigkeiten zum quantitativen Vergleich der Messgröße mit einer Einheit.

Zählen

Ermitteln des Wertes der Messgröße „Anzahl der Elemente einer Menge".

Prüfung

Feststellen, inwieweit ein Prüfobjekt eine Forderung erfüllt.

Klassifizierung

Zuordnen der Elemente einer Menge zu festgelegten Klassen von Merkmalswerten.

Messprinzip

Physikalische Grundlage der Messung.

Das Messprinzip erlaubt es, anstelle einer Messgröße (beispielsweise des Widerstands) eine andere Größe zu Messen (im Beispiel Spannung oder Strom), um daraus eindeutig die Messgröße zu ermitteln.

Messmethode

Spezielle, vom Messprinzip unabhängige Art des Vorgehens bei der Messung.

Differenz-Messmethode, analoge Messmethode...

Messverfahren

Praktische Anwendung eines Messprinzips und einer Messmethode.

Einflussgröße

Größe, die nicht Gegenstand der Messung ist, jedoch die Messgröße oder die Ausgabe beinflusst.

Wiederholungsbedingungen

Bedingungen, unter denen wiederholt einzelne Messwerte für dieselbe spezielle Messgröße unabhängig voneinander so gewonnen werden, dass die systematische Messabweichung die gleiche bleibt.

1.3.1 Ergebnisse von Messungen

Ausgabe

Durch ein Messgerät oder eine Messeinrichtung bereitgestellte und in einer vorgesehenen Form ausgegebene Information über den Wert eines Messgröße.

Messwert

Wert, der zu einer Messgröße gehört und der Ausgabe eines Messgerätes oder einer Messeinrichtung eindeutig zugeordnet ist.

Der Messwert x setzt sich zusammen aus dem wahren Wert x_w, der zufälligen Messabweichung e_r und der bekannten systematischen Messabweichung $e_{s,b}$ und der unbekannten systematischen Messabweichung $e_{s,u}$:

$$x = x_w + e_r + e_{s,b} + e_{s,u}$$

Erwartungswert

Wert, der zur Messgröße gehört und dem sich das arithmetische Mittel der Messwerte der Messgröße mit steigender Anzahl der Messwerte nähert, die aus Einzelmessungen unter denselben Bedingungen gewonnen werden können.

Durch eine große Anzahl von gemittelten Messungen kann die zufällige Messabweichung minimiert werden, so dass für den Erwartungswert μ gilt:

$$\mu = x_w + e_{s,b} + e_{s,u}$$

Unberichtigtes Messergebnis

Aus Messungen gewonnener Schätzwert für den Erwartungswert.

Das unberichtigte Messergebnis wird aus einer oder mehreren Messungen gewonnen. Wird es aus mehreren Messungen gewonnen, so wird das arithmetische Mittel gebildet:

$$\overline{x} = \frac{1}{n} \sum_{i=1}^{n} x_i$$

Messergebnis

Aus Messungen gewonnener Schätzwert für den wahren Wert einer Messgröße.

Um aus dem unberichtigten Messergebnis das (berichtigte) Messergebnis zu erhalten, wird der bekannte systematische Fehler subtrahiert:

$$\overline{x}_E = \overline{x} - e_{s,b} = \left(\frac{1}{n} \sum_{i=1}^{n} x_i \right) - e_{s,b}$$

Berichtigen

Beseitigen der im unberichtigten Messergebnis enthaltenen bekannten systematischen Messabweichung.

Korrektion

Wert, der nach algebraischer Addition zum unberichtigten Messergebnis oder zum Messwert die bekannte systematische Messabweichung ausgleicht.

Nach oben stehender Formel wäre die Korrektion $-e_{s,b}$.

Messabweichung

Abweichung eines aus Messungen gewonnenen und der Messgröße zugeordneten Wertes vom wahren Wert.

Die Messabweichung setzt sich aus der zufälligen und der systematischen Messabweichung zusammen.

Zufällige Messabweichung

Abweichung des unberichtigten Messergebnisses vom Erwartungswert.

Systematische Messabweichung

Abweichung des Erwartungswertes vom wahren Wert.

Messunsicherheit

Kennwert, der aus Messungen gewonnen wird und zusammen mit dem Messergebnis zur Kennzeichnung eines Wertebereiches für den wahren Wert dient.

Relative Messunsicherheit

Messunsicherheit bezogen auf den Betrag des Messergebnisses.

$$u_{rel} = \frac{u}{|M|}$$

Üblicherweise in Prozent angegeben:

$$u_{rel} = \frac{u}{|M|} \cdot 100\,\%$$

Wiederholstandardabweichung

Standardabweichung von Messwerten unter Wiederhol-bedingungen.

Die Wiederholstandardabweichung ist ein Maß für zufällige Messabweichungen und von systematischen Messabweichungen unbeeinflusst.

Für die empirische Standardabweichung gilt:

$$s = \sqrt{\frac{1}{n-1} \sum_{i=1}^{n} \left(x_i - \overline{x}\right)^2}$$

Vollständiges Messergebnis

Messergebnis mit quantitativen Angaben zur Genauigkeit.

Üblicherweise:

$$x = M \pm u$$

Als beispielsweise:

$$U = 3\,V \pm 0,03\,V$$

Oder auch mit relativer Messunsicherheit:

$$U = 3\,V \pm 1\,\%$$

1.2.4 Messgeräte

Messgerät

Gerät, das allein oder in Verbindung mit anderen Einrichtungen für die Messung einer Messgröße vorgesehen ist.

Messeinrichtung

Gesamtheit aller Messgeräte und zusätzlichen Einrichtungen zur Erzielung eines Messergebnisses.

Messkette

Folge von Elementen eines Messgeräts oder einer Messeinrichtung, die den Weg des Messsignals von der Aufnahme der Messgröße bis zur Bereitstellung der Ausgabe bildet.

Aufnehmer

Teil eines Messgeräts oder einer Messeinrichtung, der auf eine Messgröße unmittelbar anspricht.

In einem Temperaturmessgerät der Temperatursensor, in einem Schallpegelmesser das Mikrofon.

Kalibrierung

Ermitteln des Zusammenhangs zwischen Messwert oder Erwartungswert der Ausgangsgröße und dem zugehörigen wahren oder richtigen Wert der als Eingangsgröße vorliegenden Messgröße für eine betrachtete Messeinrichtung bei vorgegebenen Bedingungen.

Bei der Kalibrierung erfolgt keine Änderung des Messgeräts. Abweichungen zwischen Eingangs- und Ausgangsgröße werden beispielsweise in einer Tabelle notiert.

In der Praxis, insbesondere bei Schallpegelmessern wird oft von Kalibrierung gesprochen, wenn tatsächlich eine Justierung erfolgt.

Justierung

Einstellen oder Abgleichen eines Messgeräts, um systematische Messabweichungen so weit zu beseitigen, wie es für die vorgesehene Anwendung erforderlich ist

Justierung erfordert einen Eingriff, der das Messgerät bleibend verändert.

1.2.5 Merkmale von Messgeräten

Im Folgenden wird „Messgerät" synonym auch für Messeinrichtung und Messkette verwendet.

Messbereich

Bereich derjeniger Werte der Messgröße, für den gefordert ist, dass die Messabweichung eines Messgeräts innerhalb festgesetzter Grenzen bleibt.

Bei Messung elektrischer Größen kommt als Forderung hinzu, dass die Messung ohne Gefahr für Messgerät und Bediener durchgeführt werden kann. So endet ein Spannungsmessbereich oft bei 1000 V, obwohl die Messabweichung bis 2000 V innerhalb der festgesetzten Grenzen bleibt.

Ansprechschwelle

Kleinste Änderung des Wertes der Eingangsgröße, die zu einer erkennbaren Änderung des Wertes der Ausgangsgröße eines Messgeräts führen.

Empfindlichkeit

Änderung des Wertes der Ausgangsgröße eines Messgerätes, bezogen auf die sie verursachende Änderung der Eingangsgröße.

Auflösung

Angabe zur quantitativen Erfassung des Merkmals eines Messgeräts, zwischen nahe beieinanderliegenden Messwerten eindeutig zu unterscheiden.

Rückwirkung eines Messgeräts

Einfluss eines Messgeräts bei seiner Anwendung, der bewirkt, dass sich die vom Messgerät zu erfassende Größe von derjenigen Größe unterscheidet, die am Eingangs des Messgeräts tatsächlich anliegt.

Klassisches Beispiel ist die Belastung einer Spannungsquelle durch den Innenwiderstand des Spannungsmessers.

Messgerätedrift

Langsame zeitliche Änderung des Wertes eines messtechnischen Merkmals eines Messgerätes.

Einstelldauer

Zeitspanne zwischen dem Zeitpunkt einer sprunghaften Änderung des Wertes der Eingangsgröße eines Messgeräts und dem Zeitpunkt, ab dem der Wert der Ausgangsgröße dauernd innerhalb vorgegebener Grenzen bleibt.

Messabweichung des Messgeräts

Derjenige Beitrag zur Messabweichung, der durch ein Messgerät verursacht wird.

Festgestellte systematische Messabweichung

Geschätzter Beitrag eines Messgeräts zur systematischen Messabweichung.

Fehlergrenzen

Abweichungsgrenzbeträge für Messabweichungen eines Messgeräts.

Prüfung eines Messgeräts

Feststellen, inwieweit ein Messgerät eine Forderung erfüllt.

Messgeräte

2

Zum Messen elektrischer Größen wird ein Messgerät benötigt. Dies kann ein Messinstrument für nur eine elektrische Größe (vielleicht sogar mit nur einem Messbereich) sein, es kann sich aber auch um ein sogenanntes Multimeter handeln, dass die verschiedensten Größen in mehreren Messbereichen misst. (Manche Multimeter erlauben über entsprechende Sensoren auch die Messung nicht-elektrischer Größen.)

2.1 Messinstrumente

Bei Messinstrumenten für elektrische Größen kann es sich um analoge oder um digitale Instrumente handeln (es gibt auch Messinstrumente, die sowohl analog als auch digital anzeigen). Getreu dem Motto „Alter vor Schönheit" wollen wir uns die historisch älteren Messinstrumente – die analogen – zuerst ansehen.

2.1.1 Grundlagen analoger Messinstrumente

Analoge Messinstrumente sind fast ausschließlich Zeigerinstrumente – die elektrische Größe wird in einen entsprechenden Zeigerausschlag umgesetzt. In der Regel wird diese Umsetzung über einen „Umweg" geschehen: ein elektrischer Strom wird in Hitze oder – häufiger – in ein Magnetfeld umgesetzt, diese nicht-elektrische Wirkung bewirkt dann den Zeigerausschlag.

Ein Messgerät, das eine elektrische Größe direkt in einen Zeigerausschlag umsetzt, ist das Elektrometer.

Elektrometer

Das Elektrometer dient zum Nachweis elektrischer Ladungen. Es besteht aus einem starren und einem beweglichen Stab, die elektrisch miteinander verbunden, vom Rest des Messinstrumentes jedoch gut isoliert sind. Wird nun Ladung auf diese Stäbe gegeben, dann resultiert daraus ein Zeigerausschlag, weil sich gleichpolarisierte Ladungen gegenseitig abstoßen.

Bild 2.1:
Elektrometer

Elektrometer dienen eher dem Nachweis der Existenz einer Ladung, als dem Bestimmen deren Größe – das Ergebnis wäre auch massiv von externen Faktoren wie beispielsweise der Luftfeuchtigkeit bestimmt. Von daher findet man an Elektrometern üblicherweise auch keine Skalen.

Hitzdrahtamperemeter

Das Hitzdrahtamperemeter beruht auf dem Effekt der thermischen Längenausdehnung. Wird ein Draht erhitzt, dann dehnt sich dieser nach folgender Formel aus:

$$\Delta l = l_0 \cdot \alpha \cdot \Delta t$$

Die absolute Längenänderung ist also das Produkt aus Gesamtlänge, einer Materialkonstante sowie der Temperaturänderung. Diese Längenänderung kann in eine Zeigerbewegung umgesetzt werden.

Dieser Hitzdraht wird nun von dem zu messenden Strom durchflossen und dadurch erhitzt. Solche Instrumente sind sowohl für

Gleich- als auch für Wechselströme geeignet und führen stets eine echte Effektivwert-Messung durch. Sie sind aber auch recht träge und eignen sich nur für die Messung größerer Ströme.

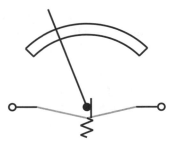

Bild 2.2:
Hitzdrahtinstrument

Ähnlich sind Bimetallamperemeter, hier durchfließt der zu messende Strom einen Bimetallstreifen (zwei miteinander verbundener Metallstreifen aus unterschiedlichen Materialien und somit unterschiedlichem Längenausdehnungskoeffizienten). Durch die unterschiedliche Längenausdehnung verbiegt sich der Bimetallstreifen, was in eine Zeigerbewegung umgesetzt werden kann.

2.1.2 Dreheiseninstrument

Das Dreheiseninstrument beruht auf der magnetischen Wirkung des elektrischen Stroms. In einer Spule befinden sich zwei Eisenstücke (hier als Stäbe gezeichnet, in der Realität meist ganz anders ausgeführt), wovon eines fest und das andere mit dem Zeiger verbunden ist.

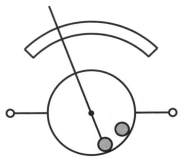

Bild 2.3:
Dreheisen-
instrument

Der die Spule durchfließende Strom erzeugt nun ein Magnetfeld, das die beiden Eisenstücke magnetisiert. Da sich gleiche Pole abstoßen, bewirkt dieses Magnetfeld einen Zeigerausschlag.

Dreheiseninstrumente eignen sich gleichermaßen für Gleich- und Wechselströme und zeigen der Effektivwert an. Sie werden deshalb besonders gerne in Schalttafeln und dergleichen eingesetzt.

Dreheiseninstrumente können für hohe Stromstärken ausgelegt werden (dicker Draht, wenig Windungen), aber auch für geringe (dünner Draht, viele Windungen), brauchen aber auch dann deutlich mehr Leistung als ein Drehspulinstrument (das wir gleich besprechen).

Bild 2.4:
Nichtlinearer
Skalenanfang
beim Dreheisen-
instrument

Dreheisenisntrumente erkennt man daran, dass ihr Skalenbeginn grob nichtlinear ist. Eigentlich wäre die ganze Skala nichtlinear, würde man dies nicht durch die Ausgestaltung der Eisenteile kompensieren.

Bild 2.5 zeigt die Innenansicht dieses Dreheiseninstruments: Hinten sieht man zwei Vorwiderstände, mit denen der Messbereich auf 300 V festgelegt wird. Neben dem eigentlichen Instrument liegt eine Eisenhülse, mit der das Instrument magnetisch abgeschirmt werden, damit externe Magnetfelder das Ergebnis nicht verfälschen. Am unteren Ende des eigentlichen Instrumentes befindet sich unter einer Lage Isolierband die Spule.

*Bild 2.5:
Innenansicht
Dreheisen-
instrument*

2.1.3 Drehspulinstrument

Bei einem Drehspulinstrument befindet sich in einem Magneten (üblicherweise ein Permanentmagnet) ein drehbar gelagerter Eisenkern, auf den eine Spule gewickelt ist. Dieser Kern in mit einem Zeiger verbunden.

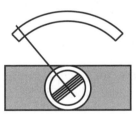

*Bild 2.6:
Drehspul-
instrument*

Wird diese Spule von einem Strom durchflossen, dann entsteht ein Magnetfeld, das mit dem Magnetfeld der umgebenden Magneten interagiert – es entstehen also Anziehungs- beziehungsweise Abstoßkräfte, die dann zu einem Zeigerausschlag führen. Sofern es sich um einen Permanentmagneten handelt, sind Nord- und Südpol dauerhaft festgelegt und somit auch, welche Stromrichtung zu welchem Zeigerausschlag führt. Drehspulinstrumente eignen sich somit nur für Gleichspannungen. Sollen Wechselspannungen gemessen werden, sind diese vorher gleichzurichten.

Drehspulinstrumente sind meist sehr empfindlich, Ströme in der Größenordnung von 100 µA (teilweise weniger als die Hälfte) reichen für einen Vollausschlag. (Zum Vergleich: Das Dreheiseninstrument aus Bild 2.4 benötigt etwa 14 mA für den Vollausschlag, also mehr als das hundertfache.)

Drehspulinstrumente haben bei Gleichgrößen eine lineare Skalenteilung – Skalen-Unlinearitäten bei Wechselgrößen sind dem Gleichrichter zuzuordnen

Bild 2.7:
Drehspulinstrument
als VU-Meter

Das Drehspulinstrument in Bild 2.7 scheint zunächst dieser Aussage zu widersprechen. Es handelt sich jedoch hier um ein sogenanntes VU-Meter, das zur Messung der Aussteuerung in der Tontechnik verwendet wird. Die Skala zeigt hier dB-Werte an, also ein logarithmisches Maß. (Zur Bewertung der Linearität wäre die %-Skala heranzuziehen.)

Bild 2.8:
Messwerk eines
Drehspulinstruments

Bild 2.8 zeigt die Innenansicht eines Drehspulinstruments, der Magnet ist hier ringförmig aufgebaut.

2.1.4 Spiegelskala

Um ein analoges Messinstrument genau abzulesen, muss der Blick senkrecht zur Skala stehen, ansonsten entsteht ein so genannter Parallaxe-Fehler. Zu erkennen ist diese Fehler, wenn man eine sogenannte Spiegelskala anbringt, also auf der Skala einen spiegelnden Streifen.

Bild 2.9:
Parallaxe-Fehler

Ist auf dieser Spiegelskala das Spiegelbild des Zeigers zu sehen, dann steht der Blick nicht absolut senkrecht und die Skala kann somit nicht exakt abgelesen werden. (In Bild 2.9 haben wir zusätzlich noch den Schatten des Zeigers.)

Bild 2.10:
Ablesung ohne
Parallaxe-Fehler

Ist eine genaue Ablesung erforderlich, dann muss die eigene Position so verändert werden, dass der Zeiger und sein Spiegelbild exakt hintereinanderliegen, dass also auf der Spiegelskala keine Reflexion des Zeigers sichtbar ist. (Am Rande: Hier im Beispiel wäre auch eine genaue Ablesung entlang des Schattens des Zeigers möglich gewesen. Das funktioniert aber nur dann, wenn die Lichtquelle senkrecht steht.)

2.1.5 Digitale Messinstrumente

Digitale Messinstrumente wandeln das Eingangssignal mittels eines AD-Wandlers in einen digitalen Wert und stellen diesen numerisch dar. Im Gegensatz zu analogen Messinstrumenten benötigen digitale fast immer eine externe Spannungsversorgung.

Üblicherweise haben digitale Messinstrumente 3,5 Stellen: drei Sieben-Segment-Anzeigen werden ergänzt mit einer Anzeige, welche die Zahl 1 sowie ein Vorzeichen anzeigen kann. Damit kann der Zahlenbereich von -1999 bis 1999 dargestellt werden, wobei dann noch Dezimaltrennzeichen gesetzt sein können.

Bild 2.11:
Digitales
Messinstrument

Insgesamt können also (mit 0) 3999 unterschiedliche Werte dargestellt werden, der gemessene Wert kann also auf 0,025% genau abgelesen werden. Die Ablesegenauigkeit ist also deutlich besser als die Messgenauigkeit, die sich in der Größenordnung von 0,1% bis 1% (bei DC-Spannungsmessungen) bewegt. Lediglich teure Labormessinstrumente weisen eine höhere Genauigkeit auf und haben dann meist auch mehr als 3,5 Stellen.

Digitale Messinstrumente gibt es in unterschiedlichen Ausführungen: Im einfachsten Fall weisen sie lediglich einen einzigen Gleichspannungs-Eingangsbereich auf, z.B. von +/-1,999 V oder +/-19,99 V. Hier kann dann auch das Dezimaltrennzeichen fest gesetzt sein.

Aufwendigere Messinstrumente haben dann mehrere Messbereiche (gegebenenfalls sogar mit automatischer Umschaltung) oder können auch Wechselspannungen messen.

Manche digitalen Anzeigeinstrumente haben zusätzlich eine analoge Anzeige ähnlich einer Aussteuerungsanzeige. Deren Auflösung ist aber oft unbefriedigend.

2.2 Messung elektrischer Größen

Wir wollen uns nun ansehen, wie mit Hilfe von Messinstrumenten elektrische Größen gemessen werden können.

2.2.1 Messung von Gleichspannungen

Nehmen wir an, wir haben ein Drehspulmesswerk mit einem Innenwiderstand von $1{,}2\,\text{k}\Omega$ und einer Empfindlichkeit (bezogen auf Vollausschlag) von $100\,\mu\text{A}$. Ein Vollausschlag wäre also bei folgender Spannung gegeben:

$$U = R \cdot I = 1{,}2\,\text{k}\Omega \cdot 100\,\mu\text{A} = 0{,}12 \quad \text{V}$$

Bezogen auf eine übliche Skalenteilung von 0 bis 10 kann man weder mit dem „krummen" Wert der Vollausschlagsspanung etwas anfangen, noch ist ein Innenwiderstand von $1{,}2\,\text{k}\Omega$ besonders hilfreich (wird werden uns noch ansehen, warum).

Eine Skalenbeschriftung von 0 bis 10 bringt uns auf die Idee, Spannungen bis $10\,\text{V}$ messen zu wollen. Um das zu realisieren, müssen wir einen Vorwiderstand verwenden.

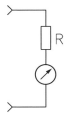

Bild 2.12:
Zeigerinstrument
mit Vorwiderstand

Damit bei einer Spannung von $10\,\text{V}$ ein Strom von $100\,\mu\text{A}$ fließt, wird ein Gesamtwiderstand von $100\,\text{k}\Omega$ benötigt. Somit berechnen wir für den Vorwiderstand:

$$R_v = \frac{10\,\text{V}}{100\,\mu\text{A}} - 1{,}2\,\text{k}\Omega = 100\,\text{k}\Omega - 1{,}2\,\text{k}\Omega = 98{,}8\,\text{k}\Omega$$

2.2.2 Messfehler durch den Innenwiderstand

An einen Spannungsteiler aus zwei 200 kΩ-Widerständen wird nun mit diesem Messgerät eine Spannungsmessung durchgeführt. Die Eingangsspannung des Spannungsteilers beträgt 12 V, und zunächst würde man einen Messwert von 6 V erwarten. Da das Ergebnis jedoch nur 3 V beträgt, erinnern wir uns, dass der Innenwiderstand des Messinstrumentes nur 100 kΩ beträgt.

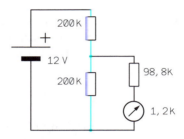

Bild 2.13:
Belastung des
Spannungsteilers
durch das
Messgerät

Berechnen wir, wie hoch die Spannung am Messgerät ist:

$$U_M = 12\,V \cdot \frac{(200\,k\Omega \parallel 100\,k\Omega)}{200\,k\Omega + (200\,k\Omega \parallel 100\,k\Omega)}$$

$$200\,k\Omega \parallel 100\,k\Omega = \frac{1}{\dfrac{1}{200\,k\Omega} + \dfrac{1}{100\,k\Omega}} = 66,\overline{6}\,k\Omega$$

$$U_M = 12\,V \cdot \frac{66,\overline{6}\,k\Omega}{266,\overline{6}\,k\Omega} = 3\,V$$

Dies ist ein deutlicher Messfehler, der nicht zu tolerieren ist. Übliche Spannungsmesser mit Drehspulinstrumenten liegen bei einem Innenwiderstand in der Größenordnung von 2 bis 20 kΩ/V. Diese Angabe ist auf das Messbereichsende zu beziehen. Im 10 V-Spannungsbereich liegt der Innenwiderstand des Messgeräts also zwischen 20 und 200 kΩ.

Der Messfehler durch den Innenwiderstand wird umso problematischer, desto kleiner der Messbereich ist. Um ihn zu vermeiden, kann man einen Vorverstärker mit hohem Eingangswiderstand verwenden. Früher wurden dafür Röhren („Röhrenvoltmeter"), später dann Feldeffekttransistoren („FET-Voltmeter") verwendet. Heute greift man auch gerne zu einem Operationsverstärker, dessen Eingangsstufen mit Feldeffekttransistoren ausgestattet sind.

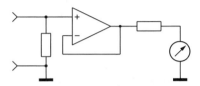

Bild 2.14:
Voltmeter mit
Vorverstärker

Der Operationsverstärker wird hier als nichtinvertierender Verstärker mit einer Verstärkung von eins eingesetzt, es dient also als reiner Impedanzwandler. Für die Messung sehr kleiner Spannungen wäre natürlich auch eine Verstärkung möglich.

Der Widerstand am Eingang sorgt dafür, dass elektrostatische Aufladungen abgeführt werden und nicht das Messergebnis verfälschen, ebenso vermindert er den Einfluss von Störspannungen. Üblicherweise werden dafür $10\,\mathrm{M\Omega}$ verwendet.

2.2.3 Mehrere Messbereiche

Bei Messinstrumenten sinkt die Ablesegenauigkeit bei sehr kleinen Messgrößen. Wenn wir beispielsweise eine analoge Skala von 0 bis 10 mit einer Genauigkeit von 0,1 ablesen können, dann beträgt der relative Ablesefehler bei den Werten 1 und 9:

$$F_1 = 100\,\% \cdot \frac{0,1}{1} = 10\,\%$$

$$F_9 = 100\,\% \cdot \frac{0,1}{9} = 1,\bar{1}\,\%$$

Während ein Ablesefehler von 1% noch zu tolerieren ist, ist ein Ablesefehler von 10% schon kritisch – bei noch kleineren Werten würde der relative Fehler dann noch größer.

Bei digitalen Messinstrumenten stellt sich das Problem prinzipiell ebenso, wenn auch erst bei niedrigeren Werten.

Der langen Rede kurzer Sinn: Bei analogen Messinstrumenten sollte das Ergebnis zwischen 30% und 100% des Vollausschlags liegen, bei digitalen Instrumenten zwischen 10% und 100%. Um dies zu realisieren, benötigen wir mehrere Messbereiche. Bei digitalen Messinstrumenten ist dies vergleichsweise einfach zu realisieren, da wir lediglich eine Unterteilung in 10er-Schritten benötigen (1,999V, 19,99V, 199,9V...). Dafür passende Widerstände sind in hoher Genauigkeit (0,1%) handelsüblich, so dass man einen entsprechenden Spannungsteiler herstellen kann:

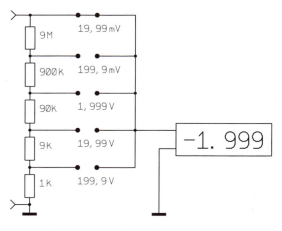

Bild 2.15:
Spannungsmessgerät
mit mehreren
Messbereichen

Aufmerksamen Lesern wird nicht entgangen sein, dass der Dezimalpunkt der Anzeige nicht zum gewählten Spannungsmessbereich passt. Hier wird man gegebenenfalls einen Schalter mit zwei Ebenen einsetzen müssen und mit der zweiten Ebene das Dezimaltrennzeichen umschalten.

Bei analogen Spannungsmessgeräten ist eine 3er-Teilung wünschenswert. Dafür passende Widerstandswerte sind allerdings nicht handelsüblich.

Man kann sich damit behelfen, dass man einen Schalter mit zwei
Ebenen verwendet, wovon eine Ebene einer 10er-Teilung realisiert und die zweite Ebene eine Anpassung auf 3 beziehungsweise 1:

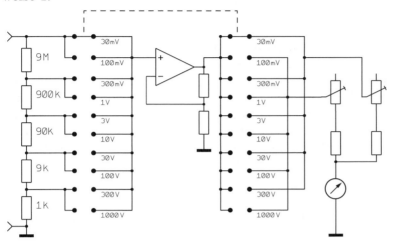

*Bild 2.16:
Analoges
Spannungsmessgerät
mit Messbereichs-
umschaltung
in 3er-Teilung*

2.2.4 Messung von Gleichströmen

Bei der Messung von Gleichströmen wird das Messgerät in den
Stromkreis eingefügt, es sollte also möglichst niederohmig sein.
Dies wird mit einem Parallel-Widerstand („Shunt") erreicht:

*Bild 2.17:
Strommessung mit
Parallelwiderstand*

Nehmen wir wieder an, wir haben ein Drehspulmesswerk mit
einem Innenwiderstand von $1,2\,\text{k}\Omega$ und einer Empfindlichkeit
von $100\,\mu\text{A}$, die Spannung für den Vollausschlag beträgt also
$0{,}12\,\text{V}$.

Wenn wir damit Ströme bis 1 A messen wollen, dann berechnen wir für den Gesamtwiderstand:

$$R_{ges} = \frac{0,12\,V}{1\,A} = 0,12\,\Omega$$

Da der Innenwiderstand um den Faktor 10000 höher liegt, brauchen wir das nicht als Parallelschaltung berechnen, Widerstände dieser Größenordnung sind ohnehin kaum genauer als 1% erhältlich. Ohnehin würde es schon reichlich schwierig, einen solchen Widerstand in hoher Genauigkeit zu bekommen. Die Lösung mit einem Trimmer scheitert an der Strombelastbarkeit. Schauen wir uns eine praktikable vorgehensweise bei der Mehrbereichsmessung an.

2.2.5 Mehrbereichsmessung von Gleichströmen

Bei der Mehrbereichsmessung braucht man – zumindest bei höheren Strömen – gar nicht darüber nachdenken, mittels Drehschalter Shuntwiderstände umzuschalten, dafür ist die Strombelastbarkeit eines Drehschalters zu gering und seine Übergangswiderstände sind zu hoch (oder – wenn man einen Hochlast-Drehschalter verwendet – der Preis ist unwirtschaftlich).

Wir verwenden also einen einzelnen Shuntwiderstand, wählen diesen niederohmig und hoch belastbar. Es gibt beispielsweise Strommesswiderstände in 4-Leiter-Ausführung (das vermindert Ungenauigkeiten durch Übergangswiderstände) mit einer Genauigkeit von 0,5% und einer Belastbarkeit von 10 W. Wenn wir einen maximalen Strom von 30 A messen wollen (dafür brauchen wir schon sehr massive Buchsen am Meßgerät...), dann dürfte dafür der Widerstand nicht über 0,01 Ω liegen.

Bei sechs Messbereichen und 3er-Teilung würden wir auf die Bereiche 30 A, 10 A, 3 A, 1 A, 300 mA und 100 mA kommen. Ein Strom von 100 mA erzeugt an 0,01 Ω einen Spannungsabfall von 1 mV – da werden wir wohl verstärken müssen.

Der Verstärkungsfaktor beträgt hier 300, aus einer Spannung von 1 mV würden also 300 mV, das würde für die meisten Drehspulinstrumente ausreichen.

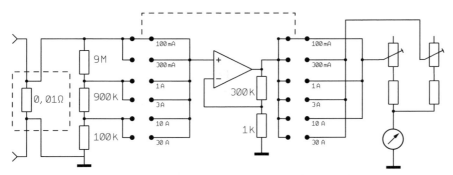

Bild 2.18: Gleichstrommessgerät mit mehreren Messbereichen

Mit dieser Methode kann man vergleichsweise große Ströme messen. Für Ströme im mA-Bereich könnte man den Widerstand auf 1 Ω vergrößern, dadurch würden die Messbereiche um den Faktor 100 empfindlicher. Für noch geringere Empfindlichkeiten empfiehlt sich dann die Schaltung nach Bild 2.19:

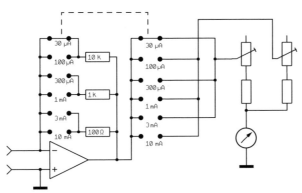

Bild 2.19:
Strommessgerät für
sehr kleine Ströme

Hier arbeitet ein Operationsverstärker als Strom-Spannungs-Umsetzer: Der Strom im Gegenkopplungswiderstand ist gleich dem Eingangswiderstand. Da am invertierenden Eingang eine Spannung nahe gleich 0 vorliegt, bestimmt sich die Ausgangsspannung aus dem Strom und der Größe des Gegenkopplungswiderstands.

41

Die Ausgangsspannung bei Vollausschlag würde hier 1 V beziehungsweise 3 V betragen.

Der Eingangswiderstand beträgt in etwa:

$$R_I = \frac{R_G}{V_0}$$

Dabei ist R_G der Gegenkopplungswiderstand und V_0 die Leerlaufverstärkung des Operationsverstärkers. Bei den üblichen Werten für die Leerlaufverstärkung kommt man auf Eingangswiderstände im Milliohmbereich.

2.2.6 Messung von Widerständen

Für die Messung von Widerständen benötigt man eine eigene Spannungsquelle. Es gibt dann prinzipiell die Möglichkeit, den Strom durch den Widerstand zu messen, oder einen konstanten Strom durch den Widerstand zu schicken und die Spannung zu messen.

Sehen wir uns zunächst die erste Variante an. Diese wird gerne in einfachen Analog-Multimetern verwendet.

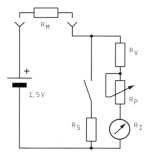

Bild 2.20:
Widerstandsmessung

Wird die Widerstandsmessung über das Prinzip der Strommessung durchgeführt, dann entsteht eine antiproprtionale Skala, so wie sie in Bild 2.21 (über der Spiegelskala) zu sehen ist. Der Wert 0 ist also auf der rechten Skalenseite angeordnet.

Die Kunst besteht nun darin, die Schaltung so auszulegen, dass die Skala für mehrere Messbereiche verwendbar ist.

Bild 2.21:
Antiproportionale
Widerstandsskala

Legen wir die Schaltung mal so aus, dass sie für die Bereiche x1k und x10 verwendbar ist. Diese Bereichsangaben stehen für den Wert, der mit dem Skalenwert zu multiplizieren ist, um den Messwert zu erhalten. (Ein Skalenwert von 5 würde im Bereich x1k für 5 kΩ und im Bereich x10 für 50 Ω stehen.)

Verwenden wir dafür wieder „unser" Beispiel-Drehspulinstrument mit 1,2 kΩ und 100 µA.

Bei einer Batteriespannung von 1,5 V und einem Messwiderstand von 0 Ω muss also ein Strom von 100 µA fließen. Von daher gilt:

$$R_V + R_P + R_I = \frac{1,5\,V}{100\,\mu A} = 15\,k\Omega$$

Das Potentiometer dient dazu, eine zurückgehende Batteriespannung auszugleichen (und auch den Einsatz von Akkus zu ermöglichen). Nehmen wir an, wir wollen eine Versorgungsspannung bis herunter zu 1 V akzeptieren. Dann gilt für die Dimensionierung des Potentiometers:

$$R_P = \frac{0,5\,V}{100\,\mu A} = 5\,k\Omega$$

Somit berechnen wir für den Vorwiderstand:

$$R_V = R_{ges} - R_V - R_I = 15\,k\Omega - 5\,k\Omega - 1,2\,k\Omega = 8,8\,k\Omega$$

Damit das Instrument nur zur Hälfte ausschlägt, muss der zu messende Widerstand exakt so groß sein wie die Summe dieser drei Widerstände, also 15 kΩ.

Wenn wir nun in der Bereich x10 schalten, wird zum Messinstrument mit seinen Vorwiderständen ein Widerstand parallel geschaltet. Dieser ist so zu bemessen, dass die Skalenmitte wieder auf der Skalenwert 15 entsprechend einem Widerstand von 150 Ω liegt.

Damit das Messinstrument zur Hälfte ausschlägt, muss an der Serienschaltung der drei Widerstände (R_I, R_P und R_V) eine Spannung von 0,75 V anliegen. Damit dies bei einem zu messenden Widerstand von 150 Ω passiert, muss gelten:

$$R_S \parallel \left(R_V + R_P + R_I \right) = 150\,\Omega$$

Somit gilt für R_S:

$$\frac{1}{150\,\Omega} = \frac{1}{R_S} + \frac{1}{\left(R_V + R_P + R_I \right)}$$

$$\frac{1}{R_S} = \frac{1}{150\,\Omega} - \frac{1}{\left(R_V + R_P + R_I \right)}$$

$$R_S = \frac{1}{\dfrac{1}{150\,\Omega} - \dfrac{1}{15\,k\Omega}} = 151,\overline{51}\,\Omega$$

Für gewöhnlich würde man zu 150 Ω greifen und sich damit einen Fehler von rund 1 % einhandeln. Für den Bereich x1 würde man entsprechend einen Widerstand von 15 Ω verwenden. (Lediglich den Bereich x100 sollte man gänzlich vermeiden, weil man da größere Skalenabweichungen erhalten würde.)

Vor der Verwendung sind solche Widerstandsmessgeräte abzugleichen: Dazu verbindet man die beiden Eingangsbuchsen niederohmig (oder hält einfach die beiden Messleitungen zusammen) und gleicht mittels dem Potentiometer auf Vollausschlag, also 0 Ω ab.

Wenn wir uns nochmals Bild 2.21 ansehen, dann stellen wir fest, dass Skalenwerte über 10 kaum noch genau abzulesen sind. Mit diesem Messgerät könnte man also bis etwa 10 kΩ leidlich genau messen. In unserem Dimensionierungsbeispiel wäre die Grenze ein wenig höher, aber auch dieses Gerät wäre nur bis etwa 30 kΩ zu gebrauchen.

Zudem lässt sich dieses Messinstrument nur mit analogen Skalen Messinstrumenten verwenden, deren Skalen entsprechend beschriftet werden können.

2.2.7 Widerstandsmessung mit linearer Skala

Zur Widerstandsmessung mit linearer Skala sind vor allem zwei Schaltungen gebräuchlich, die wir uns nun mal ansehen wollen:

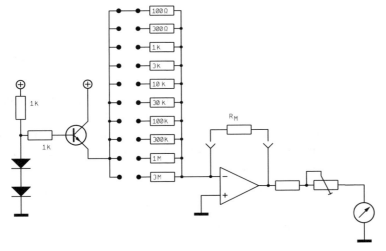

Bild 2.22:
Widerstandsmessung mit linearer Skala

Die Schaltung mit den beiden Dioden und dem Transistor erzeugt eine Konstantspannung von etwa 1,4 V. Der genaue Wert ist von untergeordneter Bedeutung, weil Abweichungen ohnehin im Rahmen des Gesamtabgleichs ausgeglichen werden. Der Transistor ist nötig, weil in den unteren Messbereichen Widerstände von bis hinunter zu 100 Ω zu versorgen sind – das funktioniert nun mal nicht sauber mit einem Vorwiderstand von 1 kΩ.

Der Operationsverstärker wird als invertierender Verstärker betrieben, seine Verstärkung beträgt bekanntlich

$$V \approx - \frac{R_2}{R_1}$$

wobei R_2 hier dem zu messenden Widerstand entspricht. Wir haben also ein Verstärkungsfaktor und somit eine Ausgangsspannung, die proportional zu Messwert ist. Da es sich um einen invertierenden Verstärker handelt, wird das Messergebnis negativ, das Anzeigeinstrument ist somit entsprechend zu polen.

Die Verstärkungsformel für den invertierenden Verstärker ist nicht ganz genau. Eigentlich lautet sie

$$V = \frac{1}{- \dfrac{R_1}{V_0 \cdot R_2} - \dfrac{R_1}{R_2} - \dfrac{R_1}{R_i \cdot V_0} - \dfrac{1}{V_0}}$$

Damit die oben formulierte Näherung stimmt, sind folgende Bedingungen einzuhalten:

- Die Leerlaufverstärkung muss deutlich höher als die beabsichtigte Verstärkung (also das Verhältnis von R_2 zu R_1) sein. Wir haben hier eine Gleichspannungsanwendung und einen beabsichtigten Verstärkungsfaktor von 1 (genaugenomen -1). Das ist also kein Problem.

- Der Eingangswiderstand des Operationsverstärker sollte deutlich höher sein als die Widerstände R_1 und R_2. Um das zu erreichen, sollte man ein Modell mit FET-Eingängen wählen.

2.2.8 Widerstandsmessung mit 4-Leiter-Messung

Die Schaltung aus Bild 2.22 eignet sich jedoch nicht für sehr kleine Widerstände: Weder der Emitterfolger noch der Operationsverstärker könnten die dafür nötigen Ströme aufbringen.

Zudem verfälschen bei der Messung von sehr kleinen Widerständen zunehmend die Messleitungen das Messergebnis. Um dieses Problem zu umgehen, wird eine 4-Leiter-Messung durchgeführt:

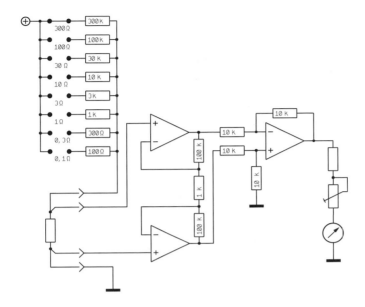

Bild 2.23: 4-Leiter-Widerstandsmessung

Der zu messende Widerstand wird über Vorwiderstand an die Spannungsversorgung angeschlossen, der tausenmal so hoch ist wie der Messbereich. Bei einem Messbereich von 1 Ω beträgt der Vorwiderstand also 1 kΩ. Da der Vorwiderstand sehr viel größer ist als der Messbereich, erhalten wir eine Konstantstromspeisung. Ist der Widerstand so groß wie der Messbereich, dann fällt an ihm eine Spannung ab, die ein tausendstel der Versorgungsspannung beträgt (bei einer Speisung mit 15 V also 15 mV). Diese Spannung wird nun am Widerstand direkt abgegriffen, so dass die eigentlichen Messleitungen stromlos sind – ihr Widerstand ist somit ziemlich egal und kann das Messergebnis nicht verfälschen.

Dies setzt allerdings voraus, dass die Spannung „masselos" abgegriffen wird. Zu diesem Zweck wird eine spezieller Differenzverstärker, ein sogenannter Instrumentenverstärker eingesetzt.

2.2.9 Wheatston'sche Messbrücke

Bei der Wheatston'schen Messbrücke handelt es sich um ein historisches Verfahren. Sie besteht im Prinzip aus zwei Spannungsteilern, von denen der eine den Messiwderstand beinhaltet und der andere abgleichbar ist.

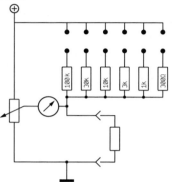

In Bild 2.24 ist der eine Spannungsteiler durch ein Potentiometer gebildet. Dieses Potentiometer wird nun so abgeglichen, dass der Ausschlag am Messinstrument gleich 0 ist – beide Spannungsteiler weisen dann das selbe Teilungsverhältnis auf. Auf einer Skala am Potentiometer kann dann ein Zahlenwert abgelesen werden, der dann noch mit dem Messbereich multipliziert werden muss (oder man hat für jeden Messbereich eine eigene Skala).

Eine Wheatston'sche Messbrücke kann auch zur Messung von Kapazitäten und Induktivitäten verwendet werden und wird dann mit einer Wechselspannung gespeist. Statt eines Anzeigeinstrumentes wird dann auch gerne ein Kopfhörer verwendet, die Brücke wird dann nicht mit dem Auge, sondern mit dem Ohr abgeglichen.

Bei einer Widerstandsmessung mit Gleichspannung ist ein Zeigerinstrument (oder ein digitales Anzeigeinstrument) auch keinesfalls unabdingbar – Bild 2.25 zeigt eine Lösung mit einem Operationsverstärker und zwei Leuchtdioden.

Das Potentiometer würde dann auf den „Kipp-Punkt" abgeglichen, an dem die Anzeige von der einen LED auf die andere wechselt.

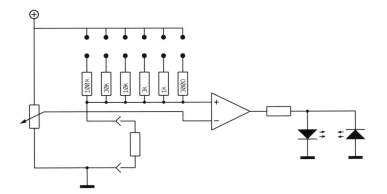

Bild 2.25:
Brücke mit zwei
Leuchtdioden

2.3 Messung von Wechselgrößen

Mit den eben beschriebenen Schaltungen zur Messung von Gleichströmen und -spannungen könnte man prinzipiell auch Wechselgrößen erfassen, also Wechselspannungen und Wechselströme. Man
würde jedoch ein Anzeigeinstrument benötigen, das Wechselgrößen
genau anzeigt.

Wie vorhin bereits erwähnt, eignen sich Dreheiseninstrumente
sowohl für Gleich- wie auch für Wechselgrößen. Für einige
Messungen eignen sich jedoch keine Dreheiseninstrumente, da
diese deutlich mehr Energie benötigen sowie eine Nichtlinearität
im unteren Anzeigebereich aufweisen.

Erschwerend kommt hinzu, dass die Mess-Spule eine Induktivität ist und ihre Impedanz mit zunehmender Frequenz ansteigt.
Für die Messung von Größen mit einer Frequenz von einigen
hundert Hertz mag man die daraus resultierenden Abweichungen tolerieren können, aber im Hochfrequenzbereich kann man
mit einem Dreheiseninstrument rein gar nichts anfangen.

Drehspulinstrumente arbeiten nur mit Gleichströmen. Bei Wech-
selströmen – zumindest ab einer Frequenz von etwa 20 Hz aufwärts – würde die Zeigerträgheit nur noch einen Mittelwert anzeigen, und der liegt bei reinen Wechselspannungen exakt bei null.

49

2.3.1 Messgleichrichter

Soll mit einem Drehspulinstrument eine Wechselgröße angezeigt werden, dann ist sie gleichzurichten. Im einfachsten Fall schaltet man lediglich eine Diode davor:

Bild 2.26:
Messung von
Wechselspannungen
mit einem Einweg-
gleichrichter

Ein solcher Einweggleichrichter hat zwei Nachteile: Erstens hat eine Diode eine Durchlassspannung, das verfälscht das Messergebnis, insbesondere bei kleinen Spannungen. Zweitens erfasst diese Schaltung nur die positive Halbwelle. Bei einer reinen Sinusspannung ist das unerheblich. Bei unsymmetrischen Signalformen oder der Überlagerung mit einer Gleichgröße führt das aber zu deutlich falschen Messwerten. Diesem Problem kann man mit einem Brückengleichrichter begegnen:

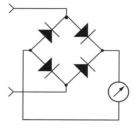

Bild 2.27:
Messung von
Wechselspannungen
mit einem Brücken-
gleichrichter

Da hier jedoch jeweils zwei Dioden im Stromkreis liegen, verschärft man das Problem mit der Diodendurchlass-Spannung. Solche Schaltungen eignen sich nicht für kleine Wechselgrößen. An passiven analogen Messgeräten ist deshalb der kleinste Spannungsmessbereich meist 10 V und Wechselströme können meist gar nicht gemessen werden.

2.3.2 aktiver Messgleichrichter

Dem Problem mit der Diodendurchlass-Spannung begegnet man mit einem aktiven Messgleichrichter.

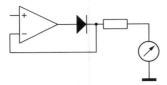

Im einfachsten Fall wird dafür eine Schaltung nach Bild 2.28 verwendet. Die Diode liegt hier im Gegenkopplungszweig eines Operationsverstärkers; den Spannungsverlust durch die an der Diode abfallende Spannung gleicht der Operationsverstärker durch eine höhere Verstärkung wieder aus.

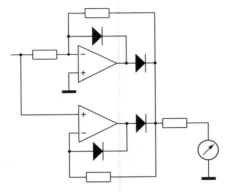

Bild 2.29:
Aktiver Zweiweg-
Gleichrichter

Die Schaltung nach Bild 2.29 gleicht zwei Nachteile der Schaltung nach Bild 2.28 aus: Erstens konnte diese Schaltung auch nur die positive Halbwelle verwerten. Die Schaltung nach Bild 2.29 ist nun ein Zweiweg-Gleichrichter. Zu diesem Zweck wird das Signal einfach invertiert, dann gleichgerichtet und mit dem Signal des anderen Gleichrichters zusammengeführt.

Zweitens bestand in der Schaltung nach Bild 2.28 der Nachteil, dass bei der negativen Halbwelle der Ausgang des Operationsverstärkers in die negative Sättigung geht. Sobald eine positive Halbwelle kommt, muss sich die Ausgangsspannung erst „hocharbeiten" – für hohe Frequenzen wäre die Schaltung demnach ungeeignet. Mit jeweils einer weiteren Diode kann dies verhindert werden, der Ausgang wird dann nur noch um etwa eine Diodendurchlass-Spannung (bei geringen Strömen) negativ.

51

2.3.3 Echteffektivwert

Wechselgrößen können sehr unterschiedliche Signalformen haben, und dies beeinflusst für gewöhnlich ganz massiv den angezeigten Wert. Nehmen wir an, wir haben ein Rechtecksignal mit einem Tast-Verhältnis von 1:10 und einem Spitzenwert von 10V:

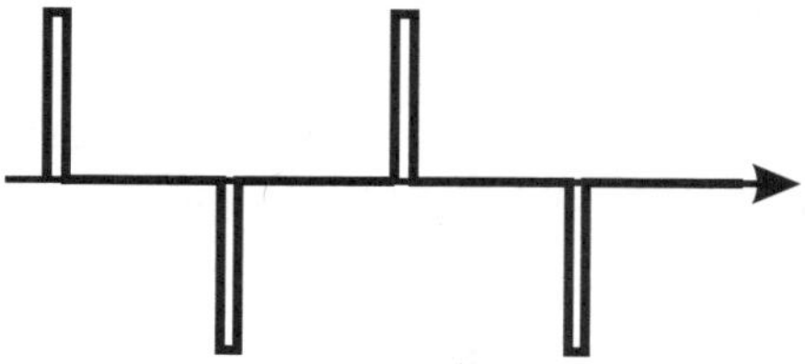

Bild 2.30:
Rechteckspannung
mit einem Impuls-
verhältnis von 1:10

Über einen Zweiweg-Gleichrichter würde das dann so aussehen:

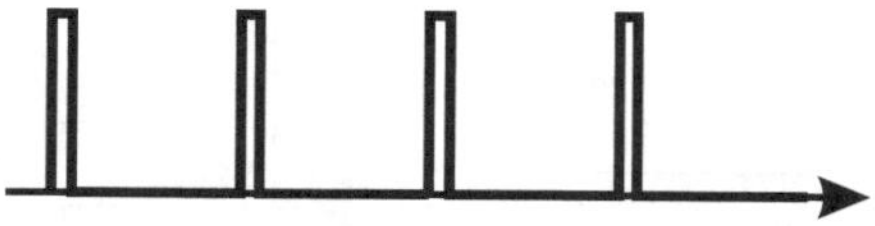

Bild 2.31:
Gleichgerichtete
Rechteckspannung

Der Zeigerausschlag eines Drehspulinstruments ist linear zum ihm durchfließenden Strom, wenn sich das also artihmetisch über die Zeit mittelt, dann hätten wir einen angezeigten Wert von 1V. Nun berechnen wir mal den Effektivwert dieser Spannung:

$$U_{eff} = \sqrt{\frac{1}{T} \int_0^T u^2(t) \cdot dt}$$

$$U_{eff} = \sqrt{\frac{1}{10} \cdot 100\,V^2} = \sqrt{10\,V^2} = 3{,}16\,V$$

Wir würden also mit dem gemessenen Wert doch deutlich daneben liegen. Allerdings ist dies ein Problem hoher Crest-Faktoren, bei einem Sinus-Signal wäre die Abweichung deutlich geringer (etwa 10%).

Ganz anders stellt sich dieses Problem bei einem digitalen Anzeigeinstrument: Dort wird in regelmäßigen Intervallen die momentane Eingangsspannung in einen digitalen Wert gewandelt und angezeigt. Damit die Anzeige noch ablesbar bleibt, darf die Sample-Rate nicht zu großen werden (3 Werte pro Sekunde sind ein gebräuchlicher Wert).

Ohne weitere Maßnahmen wäre es reiner Zufall, an welchen Punkten der Kurve nun gemessen wird. Die Anzeige wäre mit einer Wahrscheinlichkeit von 90% null und mit einer Wahrscheinlichkeit von 10% zehn. So geht's dann auch nicht.

Man könnte nun über ein RC-Filter das Signal mitteln. Das Ergebnis könnte so etwas sein wie in Bild 2.32:

Bild 2.32:
Gesiebtes Signal

Hier würde das Ergebnis nun zwischen neun und zehn schwanken, was auch keine Lösung sein kann. Eine andere Zeitkonstante des RC-Glieds könnte bei dieser einen Frequenz das Ergebnis deutlich verbessern, das Problem tritt dann halt bei anderen Frequenzen auf.

Zur Bestimmung des Echteffektivwerts („true RMS") sind im Prinzip drei Verfahren gebräuchlich:

- Mittels analoger Schaltungen wird die Echteffektivwert-Formel nachgebildet. Es gibt dafür passende ICs (nähere Infos beispielsweise unter www.analog.com). Die Genauigkeit solcher Schaltungen hängt ab von der Größe des Eingangssignals, von der Frequenz und vom Crest-Faktor.

- In einem näherungsweise wärmedichten Gehäuse sind zwei Hitzdrähte und in deren Nähe zwei Temperatursensoren untergebracht. Der erste Hitzdraht wird mit dem zu messenden Signal beaufschlagt, der zweite mit Gleichspannung. Mittels der beiden Temperatursensoren werden die Temperaturen gemessen, die Gleichspannung wird so nachgeregelt, dass die Temperaturen gleich sind. Die Gleichspannung, die problemlos genau gemessen werden kann, entspricht dann exakt dem Effektivwert des Eingangssignals.

■ Das Eingangssignal wird mit ausreichend hoher Frequenz digitalisiert, die weiteren Schritte werden dann mittels digitaler Berechnungen durchgeführt. Mit diesem Verfahren werden sehr genaue Ergebnisse erzielt.

Bei der Frage, ob überhaupt eine Echteffektivwertmessung nötig ist, und wenn ja, welches Verfahren zur Anwendung kommen soll, sollte auch immer mit bedacht werden, zu welchem Zweck die Messung durchgeführt wird, was mit den Daten weiter passiert und welche Genauigkeit überhaupt erforderlich ist. Bei dem Signal nach Bild 2.30 dürfte in den seltensten Fällen der Echteffektivwert interessieren – eher wären das Tastverhältnis und die Spitzenspannung von Interesse.

2.4 Das Multimeter

Das Multimeter – früher auch Vielfach-Messinstrument genannt – ist ein Messgerät für mehrere Größen. Einfache Geräte messen Gleich- und Wechselspannungen, Gleichströme und Widerstände, bei den besser ausgestatteten Geräten werden auch Wechselströme, Kapazitäten, Frequenzen, Verstärkungsfaktoren von Transistoren und über externe Sensoren auch Temperaturen, Umdrehungszahlen von Motoren und was auch immer gemessen. Das Multimeter ist sozusagen die eierlegende Wollmilchsau des Elektronik-Labors.

So unterschiedlich wie die Ausstattung sind auch die Preise, die im einstelligen Euro-Bereich beginnen und im vierstelligen aufhören.

2.4.1 Analog oder Digital?

Die Trennung zwischen analogen und digitalen Multimetern ist längst nicht mehr so streng, wie sie früher einmal gewesen ist: Es gibt Zeigerinstrumente mit integriertem digitalen Instrument, und die besseren digitalen Multimeter haben eine Balkenanzeige (die manchmal sogar etwas taugt). Trotzdem bleibt die Entscheidung zwischen Drehspulinstrument und LCD-Anzeige. Dazu mein ganz persönlicher Rat:

Das erste Gerät sollte immer ein einfaches Analog-Instrument sein (derzeit würde ich das Voltcraft MT-7005 empfehlen, Kosten ca. 10,- Euro). Dabei ist es egal, ob es das erste Gerät überhaupt oder das erste Gerät für einen Werkzeugkasten sein soll. Die entschiedene Empfehlung für ein solches analoges Instrument hat folgende Gründe:

■ Bis auf den Widerstandsmessbereich benötigt so ein Multimeter keine Batterien, es funktioniert also „immer".

■ Eine Analogskala lässt sich nie ganz genau ablesen. Man wird also stets daran erinnert, dass man mit beschränkter Genauigkeit arbeitet. Ein Digital-Multimeter gibt dagegen das Ergebnis „ohne jede Skrupel" auf 3,5 Stellen (oder noch mehr) genau aus.

■ Man hat einen Batterietester, der die Batterie auch ein wenig belastet. Mit einem Digital-Multimeter kann man zwar auch Spannungen von 1,5 V messen, aber eben hochohmig.

■ In dieser Preisklasse verkraftet man auch Schwund.

■ Das konkrete Gerät meiner Empfehlung ist darüber hinaus auch noch robust und bis hoch zu 100 kHz (mehr konnte ich mit dem verwendeten Generator nicht ausgeben) völlig frequenzlinear.

Natürlich sind bei nur 15 Messbereichen irgendwo Kompromisse zu schließen, Wechselströme beispielsweise gehen gar nicht, Gleichströme nur bis 250 mA, und Widerstände ab etwa 30 kΩ aufwärts kann man auch nicht mehr genau ablesen – von Frequenzen, Kapazitäten, Verstärkungsfaktoren ... ganz abgesehen.

So wird sich irgendwann die Frage nach einem weiteren Messgerät stellen. Hier sollte man sich vorab gründlich die Frage stellen, was überhaupt benötigt wird. Meist müsste die Antwort lauten: ein Oszilloskop. Damit beschäftigen wir uns dann im nächsten Kapitel.

Tatsächlich ist in vielen Fällen die Signalform deutlich wichtiger als beispielsweise der Effektivwert des Signals. Ist Mobilität wichtig, dann könnte man zu einem sogenannten *Graphical Multimeter* greifen, das dann eine Oszilloskop-Funktion mit beinhaltet (deren Qualität in vielen Fällen überschaubar ist...).

Wenn man in elektronischen Schaltungen misst, dann sollte der Eingangswiderstand hoch sein. Kleine Spannungen wird man dann aber nicht genau messen können, weil unabgeschirmte Messleitungen zu viel Störungen einfangen.

Digitale Messinstrumente sollte man nicht nach Ausstattungsliste und somit nicht im Versandhandel kaufen (es sein denn, man kennt das Gerät bereits), sondern sich im Laden genau ansehen: Taugt die Balkenanzeige etwas? Wie schnell wird sie aktualisiert? Wie brauchbar arbeitet die automatische Bereichswahl (sofern das Gerät eine hat)? Wird angezeigt, in welchem Bereich man sich befindet? Wie gestaltet sich der Batteriewechsel oder der Wechsel einer Sicherung?

2.4.2 Einfaches analoges Zeigerinstrument

Die Messgeräte, die in diesem Buch gezeigt werden, sollen eher Beispiele als Empfehlungen sein – auch als Fachbuchautor macht man seine Erfahrungen (gute wie schlechte) erst im Laufe der Zeit. Das hier vorgestellte MT-7005 ist – wie schon erwähnt – eine Empfehlung.

Die Bedienung eines solchen Multimeters ist denkbar einfach: Man schaltet das Gerät in den passenden Messbereich, hält die Mess-Spitzen auf die entsprechenden Stellen und liest den gemessenen Wert ab.

Dass zuerst der Messbereich gewählt wird, ist ziemlich essentiell, damit das Messgerät keinen Schaden nimmt. Insbesondere dann, wenn eine hohe Spannung gemessen werden soll, darf das Gerät nicht für eine Widerstands-, Strom- oder Batteriemessung eingestellt sein.

Es ist ein wenig tückisch, dass man vom Gleichspannungs- in den Wechselspannungsmessbereich und umgekehrt nicht wechseln kann, ohne über Bereiche zu gehen, die für Spannungsmessungen definitiv nicht geeignet sind. Hier sind dann stets die Messleitungen vom Objekt zu trennen.

Problemlos geht dagegen der Wechsel in einen empfindlicheren oder weniger empfindlichen Bereich. Prinzipiell sollte man lieber mit einem höheren Bereich anfangen und dann herunterschalten.

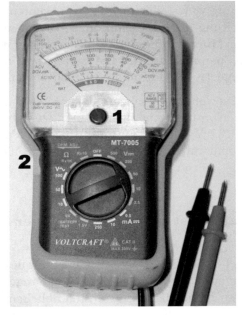

Nach Erhalt des Messgeräts und später dann immer mal wieder sollte man die Nulllage abgleichen: Dazu wird kein Messobjekt angeschlossen und mit der Stellschraube (im Bild „1") der Zeiger auf exakte Nullposition gestellt.

Bild 2.33:
Einfaches analoges
Multimeter

Wird eine Widerstandsmessung durchgeführt, dann muss das Messgerät davor ebenfalls abgeglichen werden. Dazu wird das Messgerät in den entsprechenden Widerstandsmessbereich gestellt, dann werden beide Messleitungen zusammengehalten. Mit der Rändelrad (im Bild „2") wird dann der Zeiger auf das null

57

Widerstandsskala abgeglichen.

Prinzipiell sollte man den Widerstandsmessbereich so wählen, dass die Anzeige zwischen eins und zehn liegt, weil dann am genauesten abgelesen werden kann. Mit den beiden Widerstandsmessbereichen x10 und x1k wären dies Widerstände zwischen $10\,\Omega$ und $100\,\Omega$ sowie zwischen $1\,k\Omega$ und $10\,k\Omega$.

Wird eine reine Durchgangsmessung gewünscht, dann sollte man eher in den x1k-Bereich schalten, weil dort deutlich weniger Strom verbraucht wird.

Bei der Messung von Halbleitern ist zu beachten, dass an der schwarzen Leitung (die für Spannungs-, Strom- und Batteriemessungen als Minuspol fungiert) eine gegenüber der roten Leitung positive Spannung anliegt. Die Batteriespannung liegt bei $1,5\,V$, was beispielsweise für manche Leuchtdioden zu wenig ist.

Das Gerät hat sowohl im Gleich- als auch im Wechselspannungsbereich eine Nominalimpedanz von $2\,k\Omega/V$. Im untersten Messbereich ($2,5\,V$ Gleichspannung) beträgt der Eingangswiderstand somit nur $5\,k\Omega$. Für Messungen in elektronischen Schaltungen ist das oft zu wenig.

2.4.2 Digitales Instrument mit analoger Skala

Das Gerät nach Bild 2.34 ist eigentlich ein digitales Messinstrument, bei dem zusätzlich eine analoge Skala angeschlossen ist. Wir finden hier die bei digitalen Geräten üblichen Eigenschaften wie beispielsweise die automatische Bereichswahl oder die zusätzliche Buchse für die Strommessung (auch schon für die mA-Bereiche).

Als besondere Eigenschaften finden wir die Messung von Kapazitäten, von Frequenzen sowie die Möglichkeit, eine Stromzange anzuschließen (diese Möglichkeiten bieten auch andere Multimeter, wobei dort dann die äquivalente Spannung angezeigt – beispielsweise $1\,mV$ pro A – während hier der Wert mit der korrekten Einheit dargestellt wird.)

Bild 2.34:
Digitales Instrument
mit zusätzlichem
Drehspulinstrument

Apropos Darstellung: Durch die Zehnerteilung der Messbereiche
(4, 40, 400...) ist der Wert der Zeigerdarstellung etwas limitiert.
(Man kann sich ja mal überlegen, wie eine Spannung von 5 V
dargestellt würde...)

Bild 2.35:
Detaildarstellung
der Skala

2.4.3 Graphical Multimeter

Der praktische Wert der Messung einer Wechselgröße ist etwas limitiert, wenn die Signalform unbekannt ist. Aus diesem Grund gibt es sogenannte Graphical Multimeter, also digitale Multimeter, die „ein wenig Oszilloskop" eingebaut haben.

Auch hier finden wir eine automatische Bereichswahl. Neben Kapazitäten misst das Gerät mit externem Zubehör auch Temperaturen und Umdrehungszahlen von Motoren. Die Frequenz von Wechselgrößen wird ohnehin stets in der zweiten Anzeige dargestellt (hier 49,9 Hz).

Auf der linken Seite findet man eine Bargraph-Anzeige mit erbärmlich geringer Auflösung.

Über die Taste *Mode* kommt man dann zur graphischen Anzeige des Eingangssignals. Im Automatik-Modus muss man dann erst mal ein wenig warten, bis der passende Wert für die Zeitachse gefunden ist. Lieber wählt man diese Auflösung gleich manuell.

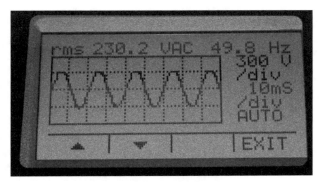

Neben dem Echteffektivwert lassen sich auch die Minima und Maxima des Peak-Werts anzeigen.

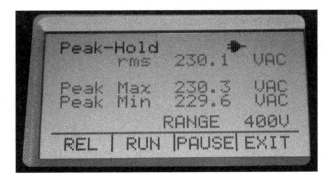

Wie bei vielen anderen digitalen Multimetern kann man auch hier einen Referenzwert speichern, auf den sich dann alle weiteren Messungen beziehen. Wechselspannungen können auch in dB dargestellt werden, wobei die Referenzimpedanz einstellbar ist.

Messung

Die Messung grundlegender elektrischer Größen wie Strom, Spannung und Widerstand haben wir bereits in Kapitel 2 besprochen. Nun wollen wir uns das Messen einiger weiterer Größen ansehen.

3.1 Frequenzmessung

Die Messung der Frequenz ist nur bei den digitalen Multimetern der oberen Preisklassen implementiert, bei analogen Multimetern findet man sie fast nie. Die Frequenz wird oft auch aus einem Oszillogramm ermittelt, siehe Kapitel 4.3.1.

3.1.1 Analoges Frequenzmessgerät

Bild 3.1 zeigt den Schaltplan eines analogen Frequenzmessgeräts:

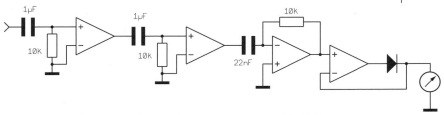

Bild 3.1: Analoges Frequenzmessgerät bis 1kHz

Die Dimensionierung in Bild 3.1 ist auf einen Messbereich von 1 kHz ausgelegt, für andere Frequenzbereiche kann die Schaltung entsprechend umdimensioniert werden.

Die Eingangsstufe arbeitet als Komparator, das Eingangssignal wird also in ein Rechtecksignal gleicher Frequenz umgewandelt. Nun ist die Leerlaufverstärkung eines Operationsverstärkers frequenzabhängig und bei 1 kHz schon nicht mehr so beeindruckend. Zwar wird man auch bei kleinen Eingangsspannungen näherungsweise ein Rechtecksignal bekommen, aber eben nur näherungsweise, und somit wäre der Anzeigewert nicht nur abhängig von der Frequenz, sondern auch von der Eingangsspannung – das können wir aber nicht gebrauchen.

Ganz pragmatisch wird ein zweiter Komperator dahintergesetzt, so dass ab einer Eingangsspannung von wenigen mV die Anzeige nicht mehr auf eine Änderung der Eingangsspannung reagiert.

Das Rechtecksignal wird nun durch einen Differenziator geschickt. Je höher die Frequenz, desto kleiner der Wechselstromwiderstand des Kondensators, desto höher die Ausgangsspannung. Zuletzt wird noch gleichgerichtet, dann kann angezeigt werden. In dieser Dimensionierung macht die Schaltung bei 1 kHz knapp 3 V Ausgangsspannung (das hängt auch ein Stück weit von der Versorgungsspannung der OPs ab, die Anzeige sollte also abgleichbar sein).

Um die Schaltung für andere Frequenzbereiche zu dimensionieren, muss der Kondensator des Differenziators geändert werden. Für die benachbarten Frequenzbänder sind die Zusammenhänge noch ziemlich linear: Um den Anzeigebereich auf 10 kHz zu erweitern, wird der Kondensator auf ein zehntel verringert. Für geringere Frequenzen wird der Kondensator entsprechend vergrößert.

Eine solche Anpassung ist jedoch nur in vergleichsweise geringem Umfang möglich: Bei noch höheren Frequenzen kommt man in Bereiche, in dem die Operationsverstärker keine ausreichend hohe Leerlaufverstärkung mehr haben. Bei sehr tiefen Frequenzen würde die Massenträgheit des Zeigers nicht mehr ausreichen, um die Anzeige zu glätten.

Ein analoger Frequenzmesser hat also seine Grenzen. Schauen wir uns also die digitalen Varianten an:

3.1.2 Frequenzzähler

Bild 3.2 zeigt das Prinzip-Schaltbild eines digitalen Frequenzzählers:

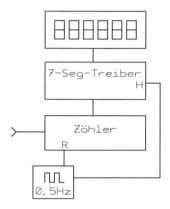

Bild 3.2:
Frequenzzähler

Kernstück ist ein ganz gewöhnlicher digitaler Dezimalzähler. An dessen Ausgängen wird ein 7-Segment-Anzeigen-Treiber gesetzt und daran eine 7-Segment-Anzeige.

Damit aus dem Zähler ein Frequenzzähler wird, bedarf es einer Vorrichtung, die dafür sorgt, dass exakt eine Sekunde gezählt und danach der Zählerstand zurückgesetzt wird. In der Regel wird man dafür einen Quarzgenerator verwenden und dessen Frequenz auf 0,5 Hz herunterteilen.

Zusätzlich muss noch der Hold-Eingang der 7-Segment-Treiber gesteuert so werden, dass der Zählerstand nach jeweils exakt einer Sekunde (seit dem Reset) übernommen wird und die Anzeige ansonsten vom Zählerstand unbeeinflusst bleibt.

Solche Frequenzzähler wurden in den 80er Jahren tatsächlich gebaut, oft noch aus einzelnen digitalen ICs. Die Schaltung hat jedoch einige Nachteile:

Eine Aktualisierungsrate von 0,5 Hz (oder, je nach Schaltung, 1 Hz) mag ja noch zu akzeptieren sein, wenn eine einzelne, konstante Frequenz gemessen werden soll. Wenn man aber einen Generator damit abgleichen möchte, wird man dabei „halb wahnsinnig".

Man könnte diese Frequenz auf 5 Hz erhöhen und somit nur eine Zehntel Sekunde lang messen. Damit reduziert sich jedoch noch weiter die Ungenauigkeit im unteren Frequenzbereich, und die ist ohnehin schon nicht überragend:

Ein solcher Frequenzzähler zählt nur ganze Impulse. Ob die Frequenz 10 000,1 Hz oder 10 000,9 Hz beträgt – die Anzeige bleibt in jedem Fall bei 10 000. Nun ist eine solche Abweichung aber auch relativ gesehen ziemlich unerheblich, der Fehler wäre:

$$F = \frac{10\,000,9 - 10\,000}{10\,000} \cdot 100\% = 0,009\%$$

Hinzu käme natürlich noch die Ungenauigkeit der Zeitbasis. Dennoch wäre es eine Genauigkeit, die deutlich besser ist, als das, was beispielsweise bei der Spannungsmessung üblich ist.

Jetzt rechnen wir dies bei 50 Hz:

$$F = \frac{50,9 - 50}{50} \cdot 100\% = 1,8\%$$

Das ist schon deutlich mehr, und je tiefer die Frequenz, desto höher die Abweichung.

Messung der Periodendauer

Sollen geringe Frequenzen genau gemessen werden, dass geht man den Umweg über die Messung der Periodendauer: Man misst die Zeit zwischen zwei Nulldurchgängen und bildet den Kehrwert davon.

Die Messung der Periodendauer ist vergleichsweise einfach: Ein Quarzgenerator liefert den Takt (beispielsweise 10 MHz) und ein Zähler zählt die Impulse zwischen zwei Nulldurchgängen. Die Schwierigkeit ist die Kehrwertbildung, mit Standard-Logik-ICs ist das ziemlich aufwendig – hier kommen spezialisierte hochintergrierte Schaltungen zum Einsatz. Dann können jedoch tiefe Frequenzen auf mehrere Nachkommastellen genau und mit ausreichend hoher Aktualisierungsrate angezeigt werden. Bei diesem Verfahren steigt der Messfehler mit zunehmender Frequenz an.

3.2 Messung von Kapazitäten

Auch für die Messung von Kapazitäten gibt es viele unterschiedliche Ansätze.

3.2.1 Analoges Kapazitätsmessgerät

Bild 3.3 zeigt den Schaltplan eines analogen Kapazitätsmessgeräts:

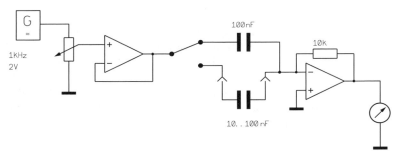

Bild 3.3:
Analoges
Kapazitätsmessgerät

Ein Sinusgenerator treibt einen Impedanzwandler, mit dem vorgeschalteten Poti lässt sich die Spannung einstellen. (Sofern der Sinusgenerator eine einstellbare Ausgangsspannung hat, kann das Poti entfallen.) Der rechte Operationsverstärker arbeitet als Differenzierer und steuert ein Wechselspannungsmessgerät im 10 V-Bereich an. Vor der Messung gleicht man mit einem möglichst präzisen 100 nF-Kondensator auf Vollausschlag ab, dann schaltet man auf den zu messenden Kondensator um.

Die Impedanz eines 100 nF-Kondensators beträgt bei 1 kHz:

$$X_C = \frac{1}{2 \cdot \pi \cdot f \cdot C} = \frac{1}{2 \cdot \pi \cdot 1000\,\text{Hz} \cdot 100\,\text{nF}} = 1,59\,\text{k}\Omega$$

Somit beträgt die Verstärkung :

$$V = \frac{10\,\text{k}\Omega}{1,59\,\text{k}\Omega} = 6,28$$

67

Die erforderliche Eingangsspannung, um auf einen Vollausschlag von 10 V zu kommen, wäre dann:

$$U_E = \frac{U_A}{V} = \frac{10\,V}{6,28} = 1,59\,V$$

Diese Schaltung lässt sich recht leicht an andere Kapazitätsbereiche anpassen. Mit üblichen Operationsverstärkern (beispielsweise einen TL 074) kann man mit Frequenzen im Bereich 100 Hz...10 kHz arbeiten. Bei kleineren Kapazitäten könnte man zusätzlich den Gegenkopplungswiderstand vergrößern, bei größeren Kapazitäten die Eingangsspannung verringern. Auf diese Weise kann man mit dieser Schaltung über etwa 5 Dekaden (Vollausschlag 1 nF bis 10 µF) halbwegs genau messen.

Bei sehr kleinen Kapazitäten müsste man die Frequenz zu hoch setzen, als dass der Operationsverstärker noch eine ausreichend hohe Leerlaufverstärkung aufweisen würde. Gegen zu tiefe Frequenzen spricht, dass ein analoges Anzeigeinstrument dann aus dem Bereich der Masseträgheit des Zeigers herausläuft – der Zeiger würde erkennbar vibrieren. Auch verhindert der maximale Ausgangsstrom eine brauchbare Genauigkeit bei zu kleinem Gegenkopplungswiderstand.

3.2.2 Messung großer Kapazitäten

Große Kapazitäten eignen sich weniger zur Messung über die Impedanz. Statt dessen wird oft das Lade- oder Entladeverhalten ermittelt. Dazu eignet sich auch ein astabiler Multivibrator:

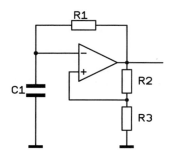

Bild 3.4:
Astabiler
Multivibrator

Hier wird der Kondensator C1 über den Widerstand R1 geladen. Eine näherungsweise Konstantstromladung erhält man dadurch, dass die Kippspannung deutlich kleiner ist als die Ausgangsspannung. Würde man für R2 beispielsweise 100kΩ und für R3 1kΩ verwenden, dann würde die Schaltung schon bei 1% der Versorgungsspannung kippen.

Für die Spannung an einen Kondensator gilt:

$$U_C = \frac{Q}{C} = \frac{I \cdot t}{C}$$

Wenn wir das nach der Zeit umrechnen und die Werte für die Kippspannung und den Strom auf die maximale Ausgangsspannung zurückführen, dann erhalten wir:

$$t = \frac{U_C \cdot C}{I} = \frac{0,01 \cdot U_A \cdot C}{\dfrac{U_A}{R_1}} = 0,01 \cdot R_1 \cdot C$$

Da für eine volle Periode der Kondensator sowohl geladen wie auch entladen werden muss und die Spannungsdifferenz zwischen zwei Kippvorgängen der doppelten Kippspannung entspricht, beträgt die Frequenz:

$$f = \frac{1}{4 \cdot 0,01 \cdot R_1 \cdot C}$$

Ein Kondensator von 1000µF würde bei einem R1 von 10kΩ also mit folgender Frequenz schwingen:

$$f = \frac{1}{4 \cdot 0,01 \cdot 10\,k\Omega \cdot 1000\,\mu F} = 2,5\,Hz$$

Nun ist die Frequenz nicht proportional, sondern antiproportional zur Kapazität. Von daher misst man lieber die Periodendauer, diese ist proportional zur Kapazität.

Für die Dauer einer Halbwelle würde gelten:

$$t = 0,02 \cdot R_1 \cdot C$$

3.3 Signalerzeugung

Wir wollen hier noch ganz kurz das Thema Signalerzeugung streifen. Bei Messungen im NF- und HF-Bereich ist ein definiertes Eingangssignal oft die Voraussetzung dafür, überhaupt eine Messung vornehmen zu können.

Im Folgenden sollen drei Schaltungen vorgestellt werden, mit denen Rechteck-, Dreieck- und Sinus-Signale im NF-Bereich erzeugt werden können. Solche analoge Schaltungen sind jedoch mit gewissen Mängeln behaftet, insbesondere, was die Frequenzkonstanz anbelangt. Bei analogen Sinusgeneratoren ist oft auch noch die Amplitudenkonstanz und der Klirrfaktor unbefriedigend.

Signale hoher Präzision bekommt man relativ leicht mittels digitaler Schaltungen. Durch eine Quarzstabilisierung des Taktes ist die Frequenzkonstanz kein Problem mehr. Zunehmend werden Signale auch rein digital erzeugt und dann mittels eines DA-Wandlers in ein analoges Ausgangssignal umgewandelt. Eine ausreichend hohe Bitauflösung vorausgesetzt, genügt dann auch die Amplitudenkonstanz und der Klirrfaktor höchsten Ansprüchen.

Bei einigen Geräten lässt sich die Signalform völlig frei programmieren (sogenannte *Arbiträtgeneratoren*, auf englisch *Arbitrary Waveform Generator*)

Solche Signalgeneratoren werden zunehmend auch als reine Softwarelösung auf PC-Basis realisiert. Als DA-Wandler wird dabei die Soundkarte eingesetzt.

3.3.1 Rechteckgenerator

Ein Rechteckgenerator ist ein Signalgenerator, der eine rechteckförmige Spannung erzeugt.

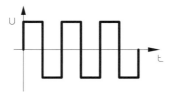

Bild 3.5:
Rechtecksignal

Die Schaltung in Bild 3.4 verwendet als frequenzbestimmendes Glied die RC-Kombination aus R1 und C1: Nehmen wir an, der Ausgang sei in der positiven Sättigung. Der Spannungsteiler aus R2 und R3 teilt die Ausgangsspannung herunter, beispielsweise auf die Hälfte. Über R1 wird nun C1 aufgeladen. Sobald die Spannung an C1 den Wert am nichtinvertierenden Eingang erreicht hat, kippt die Schaltung: Der Ausgang wird negativ, der nichtinvertierende Eingang auch, und C1 wird über R1 entladen. Sobald die Spannung am Kondenator auf das Niveau des nichtinvertierten Eingangs herabgesunken ist, kippt die Schaltung wiederum und der Ausgang wird wieder positiv.

3.3.2 Dreieckgenerator

Die Schaltung nach Bild 3.4 kann auch als Dreieckgenerator verwendet werden: Wenn die Spannung für den nichtinvertierenden Eingang auf einen möglichst kleinen Wert heruntergeteilt wird, dann wird der Kondensator näherungsweise mit einem konstanten Strom geladen und entladen – am invertierenden Eingang kann dann eine Dreieckspannung abgenommen werden.

Eine Dreiecksspannung kann man jedoch auch mit Hilfe eines Integrierers erzeugen:

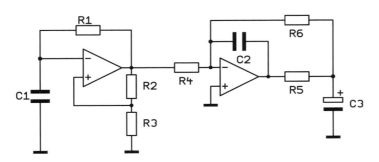

Bild 3.6:
Multivibrator mit
folgendem Integrierer

Der linke Operationsverstärker ist ein Rechteckgenerator nach eben besprochener Schaltung, der rechte Operationsverstärker integriert diese Rechteckspannung und erzeugt damit eine Dreieckspannung.

Ohne zusätzliche Maßnahmen würde die Ausgangsspannung mit Sicherheit in die positive oder negative Sättigung laufen und dort auch verzerren. Deshalb wird über R5 der Kondensator C3 geladen. Dessen Spannung wird über R6 dem invertierenden Eingang zugeführt.

Mit diesem Trick kann zwar verhindert werden, dass die Ausgangsspannung in die Sättigung läuft, zwingend symmetrisch ist das Ausgangssignal danach jedoch nicht. Ist dies gefordert, dann kann beispielsweise ein Hochpass nachgeschaltet werden.

3.3.3 Sinusgenerator

Die Sinus-Schwinung ist zwar die „natürlichste" aller Schwingungen, in der Praxis aber nicht ganz einfach zu erzeugen, vor allem, wenn der Klirrfaktor gering sein soll.

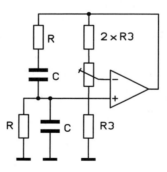

Bild 3.7:
Wien-Brücke

Die Frequenz dieser sogenannten Wienbrücke berechnet sich nach der folgenden Formel:

$$f_0 = \frac{1}{2 \cdot \pi \cdot R \cdot C}$$

Mit dem Trimmer wird die Gesamtverstärkung eingestellt. Der Abgleich ist ziemlich kritisch: Ist die Gesamtverstärkung kleiner eins, dann schwingt die Schaltung nicht an. Ist sie größer eins, dann steigt die Amplitude bis in die Sättigung, um dort zu clippen und somit zu verzerren.

Es gibt die verschiedensten Vorschläge, eine Wienbrücke stabil zu bekommen, die aber alle ihre Nachteile haben: Bei einer Begrenzung mit Dioden clippt die Schaltung eher mehr als bei der Begrenzung durch die Betriebsspannung, wo bei höheren Frequenzen die SlewRate noch ein wenig mithilft. Eine Stabilisierung mittels Kaltleiter (Glühbirnchen) geht stark auf die Amplitudenkonstanz.

Von daher würde ich die hier gezeigte Schaltung nicht verändern und einen Klirrfaktor von etwa 1% akzeptieren.

Werden geringere Klirrfaktoren benötigt, dann kann man mit Hilfe eines nachgeschalteten Tief- oder Bandpasses die Oberwellen dämpfen.

Wobbelgenerator

Ein Wobbelgenerator ist ein Generator (meist ein Sinus-Generator), der periodisch einen bestimmten Frequenzbereich durchläuft.

In den 80er Jahren des vergangenen Jahrhunderts hat man ihn häufig dazu verwendet, um Frequenzgänge aufzuzeichnen: Ein spannungsgestuerter Sinus-Generator wurde mittels einer Sägezahnspannung gewobbelt, diese Sägezahnspannung wurde dann zur Steuerung der X-Ablenkung eines Oszilloskops verwendet. Das Ausgangssignal des Wobbelgenerators wurde mit dem Eingang des Messobjekts verbunden, dessen Ausgang dann die Y-Ablenkung des Oszilloskops steuerte.

Inzwischen sind PC-gestützte FFT-Lösungen zu günstig geworden, als dass man sich mit den Unzulänglichkeiten dieses Verfahrens (Frequenzstabilität, Messgenauigkeit, nur lineare Pegelskala) noch herumärgern sollte.

Das Oszilloskop

Messgeräte – ob sie mit einem Zeigerwerk oder einer Zahlenanzeige ausgestattet sind – stellen das gemessene Signal als einen Wert (bestenfalls als zwei Werte, nämlich Spannung und Frequenz) dar. Bei reinen Gleichgrößen (Gleichspannungen, Gleichströme) ist dies weiter kein Problem. Bei Wechselgrößen ist dies jedoch nur ein kleiner Ausschnitt der relevanten Daten: Signalform, Tastverhältnis, Überlagerungen, Verzerrungen und anderes mehr kann mit solchen Messgeräten nicht erkannt werden.

Das Oszilloskop dagegen stellt den Verlauf der Größe über die Zeit dar, somit lassen sich die eben aufgezählten Eigenheiten erkennen. (Früher wurde das Gerät oft auch Oszilosgraph genannt, damit ist dasselbe gemeint.)

4.1 Das analoge Oszilloskop

Oszilloskope gibt es inzwischen auch als Software-Lösung (mit entsprechendem AD-Wandler). Wir wollen uns zunächst jedoch die „gute, alte" Analog-Technik ansehen.

4.1.1 Die Bildröhre

Zentrales Bauteil eines analogen Oszilloskops ist die Bildröhre. Dabei handelt es sich um eine Kathodenstrahlröhre (englisch *cathode ray tube*, kurz CRT). Bild 4.1 zeigt eine vereinfachte Prinzip-Skizze: Eine Glühkathode wird von einem Strom durchflossen und setzt dadurch Elektronen frei. Die Leuchtschicht auf dem Bildschirm wird als Anode verwendet und wird gegenüber der Kathode mit einer positiven Spannung von ein paar tausend Volt beaufschlagt – damit werden die Elektronen angezogen, die somit zum Leuchtschirm fliegen und dort die Leuchtschicht zum Leuchten bringen.

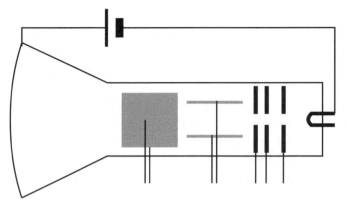

Bild 4.1:
Prinzip der
Bildröhre

Zwischen Glühkathode und Anode sind zunächst einige Lochblenden angeordnet, die mit verschiedenen Spannungen beaufschlagt werden – damit wird die Intensität und der Fokus des Kathodenstrahls eingestellt. Anschließend folgen zwei Plattenpaare, eines in X- und eines in Y-Richtung, damit kann der Elektronenstrahl abgelenkt werden. Ist beispielsweise die obere Platte positiv und die untere negativ, dann wird der Elektronenstrahl von der oberen Platte angezogen und von der unteren abgestoßen, er wird also nach oben abgelenkt.

Mit Hilfe von zwei Spannungen lässt sich der Elektronenstrahl also auf jedem Punkt des Bildschirms positionieren.

4.1.2 Die X-Ablenkung

Man könnte nun zwei Spannungen dadurch vergleichen, dass man die eine auf das horizontale und die andere auf der vertikale Plattenpaar legt. Dies nennt man XY-Betrieb. Bei Stereo-Signalen in der Audiotechnik beispielsweise kann man damit den Korrelationsgrad beurteilen.

Für gewöhnlich möchte man jedoch den Verlauf einer Spannung über die Zeit angezeigt bekommen. Die zu beurteilende Spannung legt man auf das horizontale Plattenpaar (das den Strahl nach oben oder unten ablenkt).

Auf das vertikale Plattenpaar (das den Strahl nach links oder rechts ablenkt) legt man nun eine Sägezahnspannung. Diese führt den Strahl gleichmäßig von links nach rechts, und zwar mit einer einstellbaren Geschwindigkeit. Während der Strahl von rechts nach links zurückgeführt wird, wird er ausgetastet (also abgeschaltet), damit er das Oszillogramm nicht stört.

Jetzt brauchen wir nur noch eine Triggerung, und das Oszilloskop ist fertig. Die Triggerung schauen wir uns jedoch am Beispiel an.

4.1.3 Beispiel eines analogen Oszilloskops

Als Beispiel soll uns hier ein HAMEG HM 203-5 dienen.

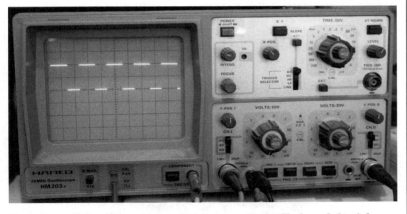

Bild 4.2:
HAMEG HM 203-5

Der eigentliche Grund ist sehr pragmatisch: Es handelt sich um das Gerät, das seit rund 20 Jahren im Labor des Autors (und auch bei etlichen Vor-Ort-Einsätzen) treu seinen Dienst verrichtet. Darüber hinaus gibt es jedoch auch noch eine Reihe anderer Gründe, sich gerade mit diesem Gerät zu beschäftigen:

■ Das Gerät ist ein echter Klassiker, der viele Jahrzehnte auf dem Markt war. In dieser Zeit wurde es natürlich weiter entwickelt (das vorgestellte stammt aus der fünften Gerätegeneration, insgesamt gab es meines Wissens sieben Generationen) und dabei leicht modifiziert, aber die Bedienung blieb weitestgehend identisch. Auch viele andere Geräte der Firma HAMEG sind von der Bedienung her gleich.

■ Da recht viele Geräte auf dem Markt sind, lässt sich das Gerät regelmäßig zu erträglichen Preisen bei eBay ersteigern.

■ Das Gerät ist sehr übersichtlich und leicht zu bedienen.

Wir wollen nun einen kleinen Rundgang über die Oberfläche machen. Links oben haben wir die Bildröhre, dort wird das Signal angezeigt.

Die Bildröhre ist unterteilt in zehn Segmente horizontal (von links nach rechts) und in acht Segmente vertikal (von oben nach unten). In der Mitte gibt es noch eine feinere Skalierung.

4.1.4 Intensität und Fokus

Oben an die Bildröhre anschließend findet man den Netzschalter und die Power-LED. Darüber braucht man wohl keine Worte zu verlieren.

Bild 4.3: Intensität und Fokus

Mit dem Regler *INTENS.* regelt man die Helligkeit des Bildes. Je nach dem, ob es sich beim Oszillogramm eher um eine Linie oder eher um eine Fläche handelt, muss hier gegebenenfalls etwas nachgeregelt werden. Auch bei Nutzung der X-Vergrößerungs-Funktion wird man die Helligkeit etwas nach oben regeln müssen.

Prinzipiell sollte man die Helligkeit eher niedrig halten. Eine zu große Helligkeit geht sowohl zu Lasten der Bildschärfe als auch zu Lasten der Lebensdauer der Bildröhre. Insbesondere wenn im XY-Betrieb vor allem ein einzelner Punkt angezeigt wird, besteht die Gefahr des sogenannten Einbrennens: Die Leuchtschicht wird an einer Stelle dauerhaft unempfindlicher.

Mit dem Focus stellt man den Strahl auf maximale Bildschärfe:

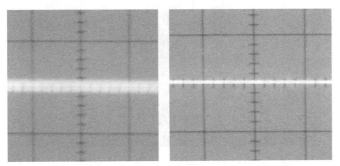

Bild 4.4:
Unscharfer und
scharfgestellter Strahl

Hinter dem mit *TR* beschrifteten Loch findet man einen Trimmer, mit dem sich die Strahldrehung (englisch *trace rotation* einstellen lässt).

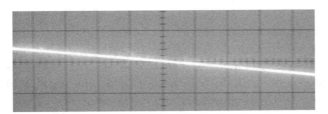

Bild 4.5:
Strahldrehung

Trotz Mu-Metall-Abschirmung der Röhre können externe Magnetfelder (nicht zuletzt das Erdmagnetfeld) zu einer Drehung des Elektronenstrahls führen. Um das zu kompensieren, kann mit der Strahldrehung gezielt ein entgegengesetztes Magnetfeld erzeugt werden. Der Betrieb des Oszilloskops an einem anderen Ort macht hier oft eine Neueinstellung nötig. Auch wenn das Oszilloskop – beispielsweise im Service-Einsatz – stehend betrieben wird, muss oft die Strahldrehung neu eingestellt werden.

4.1.5 Die X-Ablenkung

Die X-Ablenkung führt den Strahl von links nach rechts. Sie führt ihn auch wieder zurück und tastet ihn dabei aus.

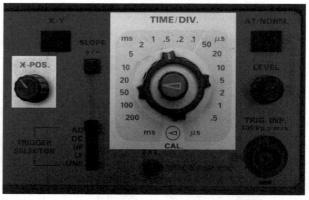

Bild 4.6:
X-Ablenkung

Die X-Ablenkung hängt stark mit der Triggerung zusammen, die uns jedoch im Moment noch nicht interessieren soll. In Bild 4.6 sind die entsprechenden Bedienelemente hervorgehoben.

Mit dem *X-POS*-Regler lässt sich die Position des Bildes horizontal verschieben. Für gewöhnlich wird die Position so gewählt, dass der gesamte Bildschirm für die Darstellung genutzt wird. Es stellt sich jedoch ab und an die Anforderung, eine Spannung in ihrer Größe genauer auszumessen. Dafür hat der Bildschirm auch eine genaue Skala, jedoch nur in der Bildschirm-Mitte. Mit Hilfe des *X-POS*-Regler lässt sich die Position des Bildes so verändern, dass die relevante Stelle – beispielsweise eine Signalspitze – exakt auf dieser Skala liegt.

Mit Hilfe des Drehschalters (*TIME/DIV.*) wird gewählt, wie schnell die X-Ablenkung des Elektronenstrahls erfolgen soll. Die langsamste Ablenkung ist 200 ms/DIV, also pro Kästchen des Bildschirmrasters. Für alle 10 Kästchen würde der Elektronenstrahl also zwei Sekunden benötigen. Da wir hier keine extra lang nachleuchtende Bildröhre haben, entsteht dabei kein stehendes Bild, sondern es wandert ein Punkt über den Bildschirm.

Die schnellste Ablenkung ist 0,5 µs/DIV, das wären 5 µs für den gesamten Bildschirm. Analoge Oszilloskope lösen etwa fünf Wellenzüge pro Unterteilung auf, das wären also 50 für den gesamten Schirm. Auflösung meint hier, dass man die Signalspitzen sauber unterscheiden und sie somit zählen könnte. Ein Wellenzug könnte also 0,1 µs lang sein, das entspräche einer Frequenz von 10 MHz. (Die Bandbreite dieses Geräts liegt bei 20 MHz, bei dieser Frequenz wäre die Spannung um 3 dB abgefallen.)

Eine genauere Betrachtung der Signalform ist bis etwa einem Wellenzug pro Kästchen möglich. Ein Wellenzug könnte dann also 0,5 µs lang sein, das entspräche einer Frequenz von 2 MHz. (Eine Betrachtung der Signalform setzt immer auch voraus, dass die Bandbreite ausreichend Oberwellen zulässt. Bei einer Bandbreite von 20 MHz wäre dies der Fall.)

Bild 4.7:
Feineinstellung
der X-Ablenkung

Mittels des Drehschalters kann die Zeitablenkung in 1-2-5-Stufung eingestellt werden. Sollen andere Werte eingestellt werden, dann gibt es dafür einen Regler für die Feineinstellung, der koaxial zum Drehschalter liegt. Am Linksanschlag hat die X-Ablenkung den Wert, der auf der Skala des Drehschalters abgedruckt ist. Je weiter der Regler nach rechts gedreht wird, desto schneller erfolgt die X-Ablenkung, ein Signal konstanter Frequenz wird also „auseinandergezogen".

4.1.6 Die Y-Ablenkung

Beim HM 203 handelt es sich um ein Zwei-Kanal-Oszilloskop, es sind also zwei Eingangsstufen vorhanden.

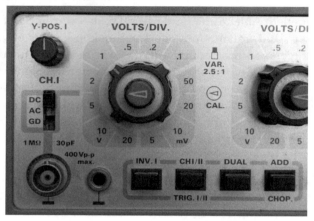

Bild 4.8:
Y-Ablenkung

Links unten sehen wir die Eingangsbuchse des ersten Kanals. Bei Spannungen im mV-Bereich und Frequenzen bis in den unteren MHz-Bereich arbeitet man natürlich nicht mehr mit den vom Multimeter gewohnten Messleitungen und 4-mm-Buchsen, sondern mit abgeschirmten Leitungen und BNC-Buchsen. Eine 4-mm-Buchse gibt es als zusätzlichen Masseanschluss.

Zu beachten ist auch, dass es sich um ein Klasse-1-Gerät handelt, also um ein Gerät mit Schutzleiteranschluss. Die Masseanschlüsse auf der Frontplatte und der BNC-Buchsen sind also allesamt mit dem Schutzleiter verbunden. Dies ist insbesondere bei Messungen in der Elektrotechnik zu beachten.

Oberhalb der BNC-Buchse liegt ein Schalter, mit dem zwischen AC- und DC-Kopplung umgeschalten werden kann. In der Schalterstellung AC wird ein Kondensator vorgeschaltet, damit Gleichspannungsüberlagerungen ausgeblendet werden.

Daneben gibt es noch eine Schalterstellung GD (für englisch *ground*), mit dem der Eingang auf Masse gelegt werden kann, beispielsweise um die Y-Position abzugleichen.

Die Eingangsschaltung sieht prinzipiell wie folgt aus:

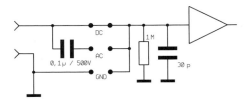

Der vorgeschaltete Kondensator bildet mit dem Eingangswiderstand einen Hochpass, dessen Grenzfrequenz sich wie folgt
bestimmen lässt:

$$f_g = \frac{1}{2 \cdot \pi \cdot R \cdot C} = \frac{1}{2 \cdot \pi \cdot 1\,M\Omega \cdot 0,1\,\mu F} = 1,59\,Hz$$

Wenn man bedenkt, welche Frequenzen sich denn noch sinnvoll
darstellen lassen, dann ist das sicher mehr als ausreichend.

Ganz oben links findet man den Regler Y-POS (je nach Kanal Y-
POS I oder Y-POS II), mit dem sich die vertikale Position (oben
oder unten) des Kanals einstellen lässt. Gerade im Zwei-Kanal-
Betrieb stellt sich oft die Anforderung, einen Kanal nach oben
und den anderen Kanal nach unten zu schieben.

Optisch dominiert wird die Eingangssektion von den beiden
Wahlschaltern für den Eingangsempfindlichkeit. Der Regelungs-
bereich geht hier von 5 mV/DIV bis 20 V/DIV. Ausgehend von acht
Kästchen Bildschirmhöhe lassen sich also noch Signale bis zu
einer Spannung von 160 V_{pp} (Spitze-Spitze) anzeigen. Es lassen
sich also noch Sinus-Spannungen bis zu folgender Größe vollständig darstellen:

$$U_{eff} = \frac{U_s}{\sqrt{2}} = \frac{80\,V}{1,41} = 56,7\,V$$

Für die Darstellung größerer Signale wäre dann ein Teiltastkopf
nötig.

Auch hier finden wir wieder koaxial zum Drehschalter einen
Drehregler für die Feineinstellung.

4.1.7 Tastköpfe

An die BNC-Buchse wird üblicherweise eine abgeschirmte Leitung angeschlossen, die an einem sogenannten Tastkopf endet. Dabei handelt es sich im einfachsten Fall um eine Mess-Spitze, die bis fast ganz vorne abgeschirmt ist und an die sich eine Masseleitung anstecken lässt.

Es gibt jedoch auch aufwendigere Tastköpfe. Der Tastkopf in Bild 4.10 beispielsweise ist ein umschaltbarer Tastkopf mit den Teiler-verhältnisssen 1:1 und 10:1.

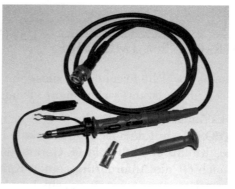

Bild 4.10:
Tastkopf

Mit im Bild sehen wir die ansteckbare Masseleitung, die auf einer Kroko-Klemme endet, einen BNC-Adapter sowie einen Klemmhaken.

Bild 4.11:
Adapter auf
BNC (links) und
Klemmhaken (rechts)

Mit dem BNC-Adapter kann man Signale zuverlässig messen, die an einer BNC-Buchse anliegen (allzuoft kommt das ja nicht vor...). Mit dem Klemmhaken kann man den Tastkopf an eine Leitung anklemmen und hat dann wieder die Hände frei.

Bei genauer Betrachtung des Tastkopfes in Bild 4.10 werden Sie feststellen, dass die Abschirmung kurz vor der Spitze frei liegt. Dadurch besteht die Möglichkeit, sich selbst über den Tastkopf zu erden (Finger auf diese Stelle), so dass der Einfluss auf die zu messende Schaltung minimiert wird. Mit eben dieser Stelle kann man jedoch auch einen Kurzschluss verursachen (das ist ja alles geerdet), so dass es dafür auch passende Isolieraufsätze gibt. Beim hier gezeigten Tastkopf wäre die dahinterliegende Isolierhülse verschiebbar.

Bild 4.12 zeigt die Eingangsschaltung eines Oszilloskops zusammen mit einem 10:1-Tastkopf:

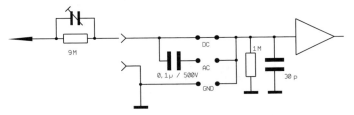

Bild 4.12:
10:1-Tastkopf

Ein 10:1-Tastkopf besteht vor allem aus einem 9MΩ-Widerstand, der in Reihe zum 1MΩ-Eingangswiderstand liegt und mit diesem zusammen einen 10:1-Spannungsteiler bildet. Da nun parallel zum Eingangswiderstand auch eine Eingangskapazität von etwa 30pF liegt, muss auch parallel zum 9MΩ-Widerstand eine Kapazität (und zwar etwa 3pF) liegen.

Nun ist die Eingangskapazität von nominell 30pF erheblicher Exemplarstreuung unterworfen, so dass hier eine Festkapazität nicht zielführend ist. Statt dessen verwendet man einen Trimmer, der sich von Anwender abgleichen lässt. Zu diesem Zweck wird links unten unter der Bildröhre ein 1kHz-Rechtecksignal ausgegeben:

Bild 4.13:
Ausgang des
Kalibrierungssignals

85

Sinnvollerweise verwendet man hier den Klemmhaken. Ob man nun 2V oder 0,2V verwendet, ist dagegen Geschmackssache.

Hat der Trimmer eine zu kleine Kapazität, dann dämpft die Eingangskapazität des Oszilloskops zu viele Oberwellen, das führt zu „runden" Signalflanken:

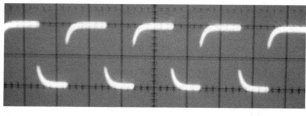

Bild 4.14:
Trimmerkapazität
zu klein

Ist der Trimmer dagegen auf zu große Werte eingestellt, dann entstehen Überschwinger:

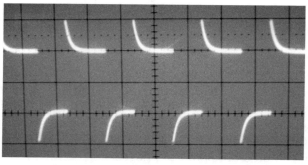

Bild 4.15:
Trimmerkapazität
zu groß

Sobald das Rechtecksignal auch wirklich ein Rechtecksignal ist, darf man den Abgleich als gelungen betrachten:

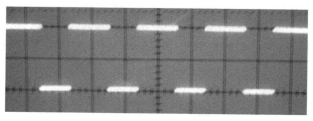

Bild 4.16:
Trimmer korrekt
abgeglichen

Durch den Tastkopf verträgt das Oszilloskop nun eine zehnmal so hohe Eingangsspannung. Sinusspannungen dürfen somit bis zu 567V groß sein.

Daneben erhöht sich auch die Bandbreite. Der umschaltbare
Tastkopf in Bild 4.10 hat beispielsweise in der Schalterstellung
1:1 eine Bandbreite von 20MHz und in der Schalterstellung 10:1
eine Bandbreite von 250MHz (alles Herstellerangabe).

4.1.8 Triggerung

Nehmen wir einmal an, ein Oszilloskop hätte keine Triggerung
(oder sie wäre abgeschaltet), und wir würden ein Sinus-Signal
messen (im Beispiel hat es eine Frequenz von 1kHz, das spielt
aber keine Rolle). Das Ergebnis wäre wie folgt:

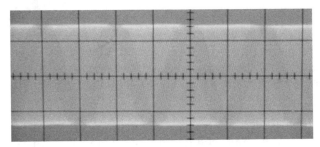

Bild 4.17:
Fehlende Triggerung

Sobald ein Bildschirm vollgeschrieben ist (hier im Beispiel nach
5ms) würde der Strahl zurück zum linken Bildschirmrand und
unverzüglich weiterschreiben. Das Ergebnis wären laufend über-
einandergeschriebene Sinuskurven, die allerdings horizontal
stets leicht verschoben sind. So geht das also nicht. (Am Rande:
Dass hier leicht dunkler ein Wellenzug zu erkennen ist, hat mit
den Zufälligkeiten beim Fotografieren zu tun – das Auge würde
eine „schön" homogene Fläche sehen.)

Was benötigt wird, ist eine Schaltung, die stets an derselben Stelle
im Wellenzug die X-Ablenkung startet, so dass alle Wellenzüge
exakt übereinandergeschrieben werden. Diese Schaltung ist die
Triggerung.

Das HM 203 kennt die automatische, die manuelle und die externe Triggerung. Für gewöhnlich wird man mit der automati-
schen Triggerung arbeiten, sie bringt in den meisten Fällen zu-

friedenstellende Ergebnisse (und wenn sie keine zufriedenstellenden Ergebnisse bringt, geht's mit den anderen Triggermöglichkeiten oft auch nicht...).

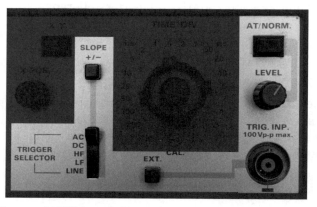

Bild 4.18:
Einstellung
der Triggerung

Betrachten wir Bild 4.18: Zunächst ist zu wählen, ob ein externes Signal zur Triggerung verwendet wird. Dieses wäre dann an
der Buchse TRIG INP. anzulegen, und es wäre der Schalter EXT.
zu drücken.

(Am Rande: Der Eingang ist auf maximal 100 V_{pp} zugelassen.
Bei größeren Spannungen könnte man einen 10:1-Tastkopf verwenden. Der Eingangswiderstand ist hier zwar deutlich kleiner
als 1 MΩ, so dass das Teilungsverhältnis ein größeres wäre. Es
kommt jedoch hier nur auf die Signalform und nicht auf deren
Größe an, so dass dies bedenkenlos möglich ist.)

Mit dem Schalter *AT/NORM* wählt man zwischen automatischer
(*AT*) und manueller (*NORM*) Triggerung. Bei der manuellen
Triggerung wird dann mit dem Regler *LEVEL* eingestellt, bei
welcher Spannung der Triggereinsatz erfolgen soll.

Mit dem Schalter *SLOPE* wird gewählt, ob der Triggereinsatz
auf eine steigende (+) oder fallende (-) Signalflanke erfolgen soll.
Diese Einstellung erfolgt unabhängig von der Invertierung des
ersten Kanals.

Mit dem TRIGGER SELECTOR wählt man den Frequenzbereich
des Trigger-Signals. In Schalterstellung DC wird ein Tiefpass
von 10 MHz verwendet, in der Schalterstellung AC wird dieser

mit einem Hochpass von 20 Hz ergänzt. Mit LF wird ein Tiefpass von 1 kHz gesetzt, mit HF werden Frequenzen über 10 MHz zur Triggerung herangezogen.

In der Schalterstellung LINE ist die Triggerung unabhängig vom Eingangssignal, es wird fest auf das Stromnetz synchronisiert. Diese Option eignet sich für alles, was synchron zum Stromnetz ist, beispielsweise Gleichrichterschaltungen oder Dimmer.

4.1.9 Zwei-Kanal-Betrieb

Das HM 203 ist – wie die meisten Geräte auf dem Markt – ein Zwei-Kanal-Oszilloskop. Es lassen sich also die Signale von zwei Eingangskanälen gleichzeitig darstellen.

Bild 4.19:
Bedienelemente
für den
Zwei-Kanal-Modus

Der entscheidende Schalter ist der dritte Schalter von links (*DUAL*): Er schaltet nicht nur den Zwei-Kanal-Modus ein, sondern entscheidet auch, welche Funktion die beiden benachbarten Schalter haben:

Im Ein-Kanal-Betrieb wird mit *CH I/II* gewählt, welcher der beiden Kanäle angezeigt werden soll. Im Zwei-Kanal-Betrieb wird dagegen festgelegt, welcher der beiden Kanäle die Anzeige triggert. Gerade bei unkorrelierten Signalen (also Signalen, die nicht voneinander oder gemeinsam von einem dritten Signal abhängig sind) bekommt man üblicherweise nur ein Signal sauber dargestellt.

Die folgenden beiden Abbildungen zeigen im Zwei-Kanal-Betrieb das 1 kHz-Rechtecksignal des internen Kalibrators und ein 1 kHz-Sinussignal eines externen Generators. Die beiden Signale sind voneinander völlig unabhängig, der Generator des internen Kalibrators ist auch nicht quarzgenau, dürfte also leichte Abweichungen haben.

Wird auf das Rechtecksignal getriggert, dann ist das Sinus-Signal nicht als solches zu erkennen:

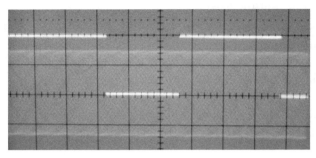

Bild 4.20:
Triggerung auf das
Rechtecksignal

Umgekehrt sieht es aus bei einer Triggerung auf das Sinus-Signal:

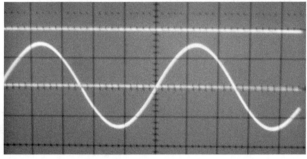

Bild 4.21:
Triggerung auf das
Sinussignal

Wenn zwei Signale voneinander unabhängig sind und nicht wirklich völlig exakt dieselbe Frequenz haben, dann lassen sich nicht beide zusammen stabil anzeigen.

Mit dem Schalter CHOP. lässt sich im Zwei-Kanal-Modus einstellen, wie die beiden Kanäle auf den Screen kommen: Der „Normal-Modus" ist die alternierende Darstellung: Zunächst wird der erste Kanal angezeigt, dann der zweite, dann wieder der erste, dann wieder der zweite... Ist die X-Ablenkung schnell genug, dann sorgt die Trägheit des Auges für ein völlig flimmerfreies Bild.

Nun müssen manchmal jedoch recht langsame Signale dargestellt werden, und dafür eignet sich die alternierende Darstellung eher weniger. Im Chopper-Modus schaltet ein Generator mit einer Frequenz von etwa 1 MHz zwischen den beiden Kanälen um und während der Umschaltvorgänge den Elektronenstrahl ab. Das Ergebnis ist gleichzeitige Darstellung auch bei niedrigen Frequenzen.

Im Ein-Kanal-Modus hat derselbe Schalter die Beschriftung ADD, damit können die beiden Signale addiert werden:

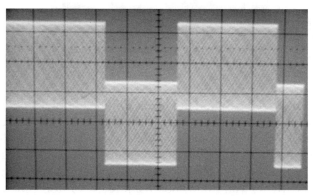

Bild 4.22:
Addition beider
Eingangskanäle

Die Addition von zwei Kanälen hat in der Praxis nicht gerade die überragende Bedeutung, wohl aber die Subtraktion beider Kanäle. Dazu wird mit dem Schalter INV. I Kanal eins invertiert, somit ist das angezeigte Signal CH II - CH I.

Wie bereits vorhin erwähnt, sind die Eingangsbuchsen fest mit dem Schutzleiter verbunden. Soll eine erdfreie Messung durchgeführt werden, benötigt man entweder einen entsprechenden Vorverstärker, oder man schaltet das Oszilloskop auf Differenzeingang. Allerdings sind dabei dann keine zweikanaligen Messungen mehr möglich.

4.2 Der XY-Modus

Die meisten Oszilloskope bieten die Möglichkeit, auf X-Ablenkung und Triggerung zu verzichten und das Gerät im XY-Modus zu betreiben. Bei Zwei-Kanal-Geräten wird dabei der erste Kanal für gewöhnlich für die Y-Achse und der zweite Kanal für die X-Achse verwendet.

Wenn wir ein Sinussignal auf einen der beiden Kanäle legen (der andere bleibt unbeschaltet), dann bekommen wir entweder einen senkrechten (beim Y-Kanal) oder – wie hier – einen waagerechten Strich (beim X-Kanal).

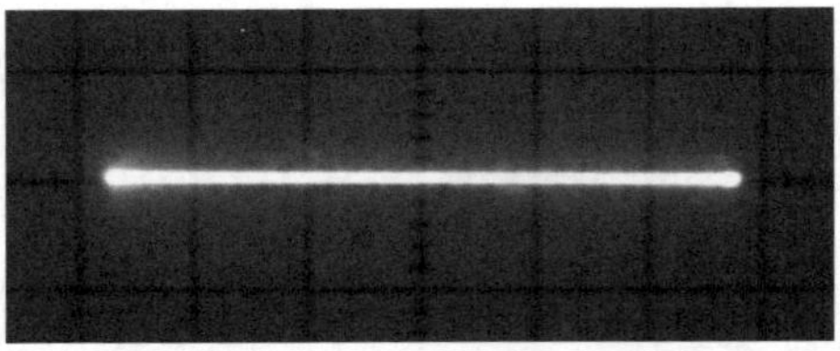

Bild 4.23:
Sinussignal
auf dem X-Kanal

Legt man dasselbe Signal auf beide Kanäle, dann bekommt man einen schrägen Strich. Sind beide Signale (nach Vorverstärkung durch die Eingangsverstärker) gleich groß und haben dieselbe Phasenlage, dann weist der Strich einen Winkel von 45° auf und geht von links unten nach rechts oben. Bei gegenphasigen Signalen würde er von links oben nach rechts unten gehen.

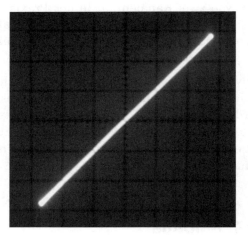

Bild 4.24:
Sinussignal
gleichphasig auf
beiden Kanälen

4.2.1 Der Korrelationsgradmesser

Mit einem Korrelationsgradmesser wird in der Tonstudio- und Rundfunktechnik ermittelt, wie die Phasenlage von Audiosignalen aussieht.

Dasselbe können wir mit dem Oszilloskop auch. (Bei den „richtigen" Korrelationsgradmessern geht bei gleichphasigen Signalen der Strich senkrecht von oben nach unten. Bei einem Oszilloskop ist er dagegen schräg wie in Bild 4.24.)

Ein Mono-Signal (beide Stereo-Kanäle dasselbe Signal) würde einen Strich wie in Bild 4.24 erzeugen, dessen Länge von der Lautstärke der Musik abhängt.

Sind bei Stereo-Signalen die beiden Stereo-Kanäle weitgehend gleichphasig, dann ähnelt die Darstellung dem „Mono-Strich" (die ganze Darstellung ist stets sehr „lebendig", was man jedoch auf den Fotos nicht einfangen kann):

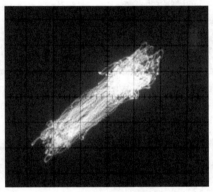

Bild 4.25:
Gut korreliertes
Stereo-Signal

Bei näherungsweise unkorreliertem Signal wird die Darstellung zunehmend rund:

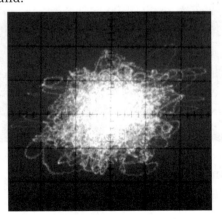

Bild 4.26:
Näherungsweise
unkorreliertes
Signal

93

Auch wenn die Signalkette in beiden Kanälen dieselbe Phasenlage aufweist, gibt es bei Stereo-Signalen auch immer mal wieder Teile, die in Richtung Gegenphasigkeit tendieren:

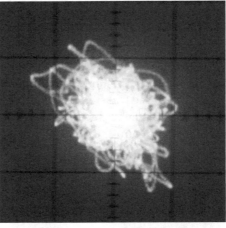

Bild 4.27:
Beginnende
Gegenphasigkeit

Sehr schön sieht man auch, wann die Übersteuerung der Signale einsetzt, weil hier sehr klare Kanten entstehen (dies ist viel deutlicher als bei der Wellenform-Darstellung):

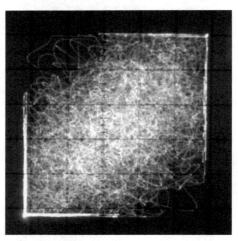

Bild 4.28:
Erheblich
verzerrtes Signal

Erste einsetzende Verzerrungen zeigen sich durch ganz kleine Ecken links unten und rechts oben.

4.2.2 Lissajous-Figuren

Legt man auf die beiden Kanäle zwei Sinus-Signale, deren Frequenzen in einem geraden Verhältnis zueinander stehen, dann entstehen sogenannte Lissajous-Figuren (benannt nach dem französischen Physiker Jules Antoine Lissajous, 1822 – 1880). Aus den Figuren kann man das Frequenzverhältnis und die Phasenlage ablesen.

Darüber hinaus kann sehr genau ermittelt werden, ob das Frequenzverhältnis exakt eingehalten wird – dann „steht" nämlich die Figur. Bei auch nur sehr geringen Abweichungen beginnt sich die Figur zu drehen.

Haben beide Signale dieselbe Frequenz und zueinander einen Phasenwinkel von 0° (sie sind also gleichphasig), dann entsteht ein Strich wie in Bild 4.24.

Ein Phasenwinkel von 45° führt zu einer Figur wie in Bild 4.29:

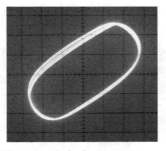

Bild 4.29:
Gleiche Frequenz,
Phasenwinkel 45°

Und so würde ein Phasenwinkel von 90° aussehen:

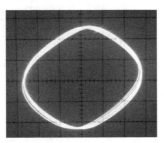

Bild 4.30:
Gleiche Frequenz,
Phasenwinkel 90°

Am Rande: die leichten „Zacken" oben und unten sind ein Zeichen dafür, dass einer der beiden Sinusgeneratoren leicht zerrt.

95

Ein Frequenzverhältnis von 1:2 (x:y) würde die folgt aussehen:

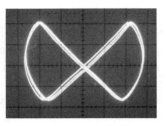

Bild 4.31:
Frequenz 1:2,
Phasenwinkel 0°
(oder 180°)

Umgekehrt wäre ein Frequenzverhältnis von 2:1:

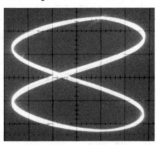

Bild 4.32:
Frequenz 2:1,
Phasenwinkel 0°
(oder 180°)

Mit Zunahme des Frequenz-Verhältnisses steigt dann auch die Anzahl der Zacken:

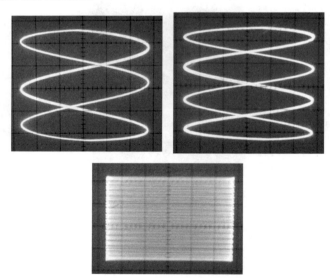

Bild 4.33:

Frequenz 3:1
Phasenwinkel 180°
(links oben),

Frequenz 4:1
(rechts oben),
Phasenwinkel 180°

Frequenz 35:1
(unten)

Für Lissajous-Figuren eignen sich nur Sinus oder allenfalls Drei-eck-Signale. Rechtecksignale ergeben keine zusammenhängen-den Figuren:

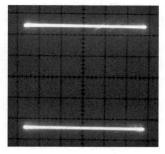

Bild 4.34:
Kombination von
Rechteck- (Y-Achse)
und
Sinus-Signal (X-Achse)

Mit Störungen „verseuchte" Signale ergeben besonders interes-sante Figuren:

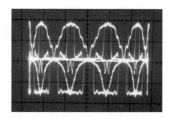

Bild 4.35:
Mit Störungen
überlagerte Signale

4.2.3 Komponententester

Das HM 203 hat bereits einen Komponententester fest einge-baut. Man könnte ihn aber auch mit weniger Bauteilen selbst zusammenbasteln. Bild 4.36 zeigt das Prinzipschaltbild:

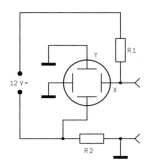

Bild 4.36:
Komponententester

97

Eine Wechselspannung (üblicherweise 12 V Wechselspannung mit 50 Hz) liegt über zwei Widerstände auf den Ausgangsbuchsen. Ein Oszilloskop ist im XY-Modus so angeschlossen, dass auf der X-Achse die Spannung am Prüfling und auf der Y-Achse der Strom durch den Prüfling dargestellt werden.

Wenn an den Buchsen nichts oder ein sehr hoher Widerstand angeschlossen ist, dann ist die Spannung maximal und der Strom gleich null. Es entsteht ein waagerechter Strich:

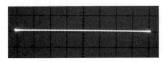

Bild 4.37:
Offene Buchsen

Der umgekehrte Fall ist ein Kurzschluss: Hier ist der Strom maximal und die Spannung gleich null. Der Strich ist demnach senkrecht:

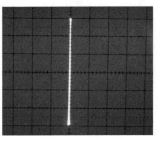

Bild 4.38:
Kurzgeschlossene
Buchsen

Widerstände ergeben eine gerade, aber mehr oder weniger geneigte Linie. Das Beispiel zeigt 1 kΩ:

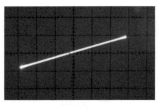

Bild 4.39:
Widerstand 1 kΩ

Die Mühe, jetzt aus der Steigung der Linie den Widerstand zu berechnen, wollen wir uns nicht machen – der „Begabungsschwerpunkt" von Komponententestern ist bestimmt nicht die Bestimmung ohm'scher Widerstände.

Kondensatoren ergeben Ellipsen – sofern die Kondensatoren im richtigen Kapazitätsbereich liegen, kann man das auch erkennen:

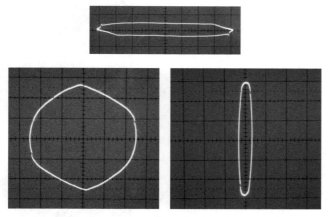

Bild 4.40:
1 µF (oben)
10 µF (unten links)
100 µF (unten rechts)

Sollen größere Kondensatoren bestimmt werden, dann kann die X-Vergrößerung (*x10*) verwendet werden – ein 100 µF-Elko sieht dann so aus wie ein unvergrößerter 10 µF-Elko.

Gerade bei der Fehlersuche in Netzteilen ist es sehr hilfreich zu sehen, ob ein Kurzschluss vorliegt oder einfach nur ein sehr großer Lade-Elko.

Eine Diode erzeugt einen „Haken", je nach dem, wie sie gepolt ist: Liegt die Kathode an Masse, zeigt die senkrechte Linie nach oben, liegt die Anode an Masse, zeigt die senkrechte Linie nach unten:

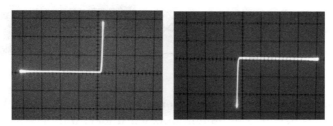

Bild 4.41:
Diode in beiden
Polungsrichtungen

99

Besonders eignet sich der Komponententester, um bei unbekannten Transistoren die Anschlüsse zu identifizieren:

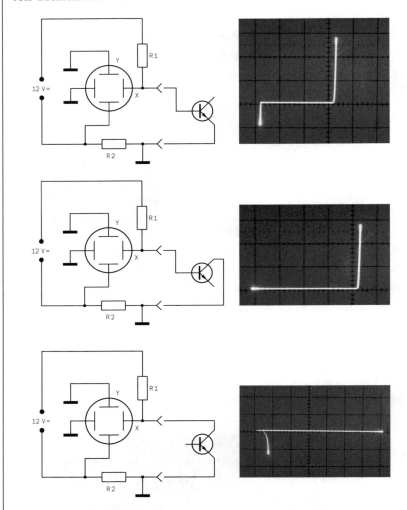

Bild 4.42:
Komponententester
beim NPN-Transistor

Bei einem PNP-Transistor wären alle Diagramme an der Verti-
kalen gespiegelt. Bei einem gänzlich unbekannten Transistor
wären also zwei Messungen nötig, dann wäre der Typ (NPN oder
PNP) und die Anschlussbelegung geklärt.

Hilfreich ist der Komponententester auch bei gemischten Schaltungen, da sich damit ermitteln lässt, ob ohm'sche, kapazitiv/induktive Elemente und/oder Halbleiter beteiligt sind.

Beim folgenden Beispiel haben wir eine simple Gleichrichterschaltung ohne Verbraucher: Der Elko ist recht schnell geladen, die Diode sperrt fast immer, lediglich bei den hohen negativen Spannungen fließt etwas Strom zum Nachladen, so dass hier der kapazitive Anteil sichtbar wird:

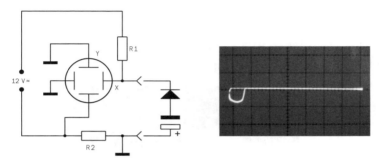

Bild 4.43:
Gleichrichterschaltung

Eine Diode parallel zum Elko schneidet eine Hälfte des Kreises ab:

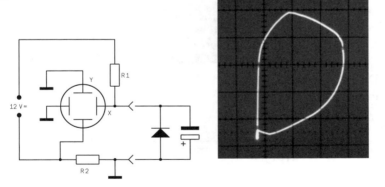

Bild 4.44:
Diode parallel
zum Kondensator

Die Zahl der möglichen Beispiele sind damit noch lang nicht erschöpft. Wenn Ihnen ein Oszilloskop mit Komponententester zur Verfügung steht, sollten Sie sich mal gründlich damit beschäftigen, was wie aussieht – das kann die Fehlersuche enorm beschleunigen.

101

4.3 Messungen mit dem Oszilloskop

Wir wollen uns nun anhand einiger Beispiele ansehen, wie man Messungen mit dem Oszilloskop durchführt.

4.3.1 Frequenz und Spannung

Bild 4.45 zeigt das Oszillogramm einer Sinusschwingung. Eingestellt sind 0,1 ms/DIV und 0,5 V/DIV. Wie groß ist die Frequenz und die Spannung dieses Signals?

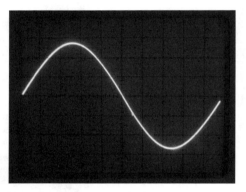

Bild 4.45:
Sinusschwingung

Die Periodendauer beträgt exakt 10 DIV, daraus berechnen wir die folgende Frequenz:

$$f = \frac{1}{T} = \frac{1}{10 \; DIV \cdot 0,1 \frac{ms}{DIV}} = \frac{1}{1 \, ms} = 1 \, kHz$$

Die Periodendauer lässt sich üblicherweise recht exakt ermitteln, da die Nulldurchgänge die Feinteilung des Achsenkreuzes kreuzen. Bei den Spannungsspitzen ist dies leider selten der Fall.

Man kann sich jedoch damit behelfen, dass man mittels der X-Verschiebung die Scheitelpunkte auf die entsprechende Position verschiebt:

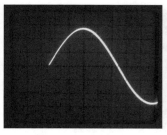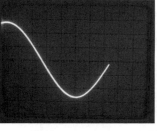

Bild 4.46:
Verschiebung der
Kurven zur Erhöhung
der Ablesgenauigkeit

In beiden Fällen erhalten wir einen Spitzenwert von 2,8 DIV.
Daraus können wir nun die Spitzenspannung berechnen:

$$U_s = 2{,}8\,\text{DIV} \cdot 0{,}5\,\frac{V}{DIV} = 1{,}4\,V$$

Und die Formel zur Ermittlung des Effektivwertes ist ja auch
kein Geheimnis:

$$U_{eff} = \frac{U_s}{\sqrt{2}} = \frac{1{,}4\,V}{\sqrt{2}} = 0{,}9899\,V = 1\,V$$

4.3.2 Frequenz, Spannung und Tastverhältnis

Im nächsten Beispiel haben wir eine unsymmetrische Rechteckspannung. Eingestellt sind wieder 0,1 ms/DIV und 0,5 V/DIV.
Wie groß ist die Frequenz, das Tastverhältnis und die Spannung
dieses Signals?

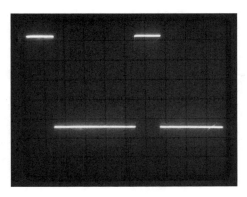

Bild 4.47:
Unsymmetrisches
Rechtecksignal

103

Der positive Teil des Signals hat eine Dauer von 1,4 DIV und eine Höhe von 3,2 DIV. Der negative Teil des Signals hat eine Dauer 4,1 DIV und eine Höhe von -1,4 DIV.

Fangen wir mit dem Tastverhältnis an:

$$\text{TV} = \frac{t_1}{t_1 + t_2} = \frac{1,4\,\text{DIV}}{1,4\,\text{DIV} + 4,1\,\text{DIV}} = 25,45\%$$

Für die Frequenz gilt:

$$f = \frac{1}{T} = \frac{1}{5,5\,\text{DIV} \cdot 0,1\,\dfrac{\text{ms}}{\text{DIV}}} = \frac{1}{0,55\,\text{ms}} = 1,82\,\text{kHz}$$

Und für die Spitze-Spitzen-Spannung:

$$U_{ss} = \left(3,2\,\text{DIV} - \left(-1,4\,\text{DIV}\right)\right) \cdot 0,5\,\frac{\text{V}}{\text{DIV}} = 2,3\,\text{V}$$

Die Berechnung des Effektivwerts ist ein wenig aufwendiger:

$$U_{eff} = \sqrt{\frac{1}{T} \int_0^T u^2(t) \cdot dt}$$

$$U_{eff} = \sqrt{\frac{1}{0,55\,\text{ms}} \cdot \left(\left(1,6\,\text{V}\right)^2 \cdot 0,14\,\text{ms} + \left(-0,7\,\text{V}\right)^2 \cdot 0,41\,\text{ms}\right)}$$

$$U_{eff} = 1,0\,\text{V}$$

4.3.3 Modulationsgrad

Bild 4.48 zeigt ein mit Amplituden-Modulation moduliertes Signal, dessen Modulationsgrad ermittelt werden soll:

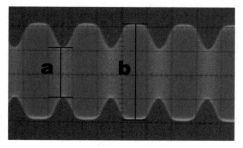

Bild 4.48:
Amplitudenmodulation

Für den Modulationsgrad gilt:

$$m = \frac{b-a}{b+a} = \frac{4\,DIV - 2,2\,DIV}{4\,DIV + 2,2\,DIV} = 0,29$$

Am Rande: Solche Signale sind bisweilen etwas „zickig" beim Triggern. Wenn man das Modulationssignal vorliegen hat, dann kann man damit extern Triggern.

Noch einfacher geht es, wenn man bei einem Zweikanal-Oszilloskop das Modulationssignal auf den anderen Kanal legt und darauf triggert (das erledigt die automatische Triggerung meist völlig problemlos):

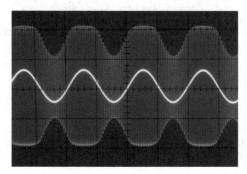

Bild 4.49:
Zusätzliche
Darstellung des
Modulationssignals
zur Vereinfachung
der Triggerung

Dann dreht man mit der Y-Verschiebung einfach das Modulationssignal aus dem Bild.

105

4.3.4 Emitterschaltung

Bild 4.50 zeigt eine Transistor-Verstärkerschaltung, genauer gesagt, eine Emitterschaltung.

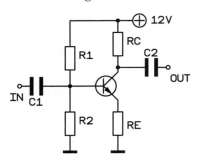

Bild 4.50:
Emitterschaltung

In Bild 4.51 sind nun die Spannungen an Basis und Kollektor dieses Transistors angezeigt. Auf den ersten Blick könnte man meinen, dass die Schaltung gar nicht verstärken würde. Es liegen hier jedoch zwei unterschiedliche Y-Einstellungen vor: An der Basis 0,5 V/DIV (obere Kurve), am Emitter 5 V/DIV (untere Kurve).

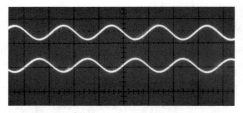

Bild 4.51:
Spannung an Basis
und Kollektor

Der DC-Offset am Emitter beträgt also etwas mehr als 5 V, der an der Basis 1,25 V. Der Verstärkungsfaktor beträgt in etwa zehn., das wäre in etwa auch das Verhältnis R_C zu R_E. Wie bei einer Emitterschaltung auch nicht anders zu erwarten, hat die Ausgangsspannung eine Phasenlage von 180° zur Eingangsspannung.

Möchte man den Verstärkungsfaktor genauer ermitteln, dann müssen die Kurven genauer abgelesen werden. Zu diesem Zweck wird der Gleichspannungsoffset weggefiltert (Schalterstellung AC am Oszilloskop) und die Y-Verstärkung um den Faktor zehn erhöht.

Für die Spannung an der Basis gilt dann:

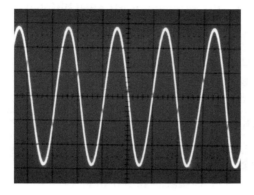

Bild 4.52:
Eingangsspannung

$$U_{B,S} = 2,8\,\text{DIV} \cdot 0,05\,\frac{V}{\text{DIV}} = 0,14\,V$$

Der Effektivwert würde dann 100 mV betragen, das wäre auch genau das, was am Generator eingestellt wurde.

Und für die Spannung am Kollektor gilt:

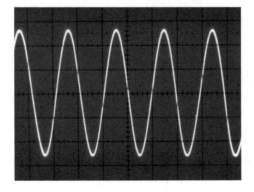

Bild 4.53:
Ausgangsspannung

$$U_{C,S} = 2,6\,\text{DIV} \cdot 0,5\,\frac{V}{\text{DIV}} = 1,3\,V$$

Die Formel für die Wechselspannungsverstärkung arbeitet üblicherweise mit Effektivwerten. Da jedoch sowohl das Eingangs- als auch das Ausgangssignal praktisch unverzerrte Sinussignale sind, somit das Verhältnis von Spitzen- zu Effektivwert in beiden Fällen dasselbe ist, können wir auch mit den Spitzenwerten rechnen:

$$V = \frac{U_{C,S}}{U_{B,S}} = \frac{1,3\,V}{0,14\,V} = 9,3$$

Dabei ist jedoch zu bedenken, dass die Ablesegenauigkeit an einem Oszilloskop limitiert ist.

Bild 4.54 zeigt das Oszillogramm bei einer Eingangsspannung von 0,5V. Das Eingangssignal (unverzerrt) hat eine Y-Verstärkung von 0,2V/DIV, das Ausgangssignal von 2V/DIV.

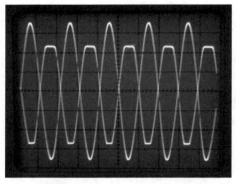

Bild 4.54:
Übersteuerte
Emitterschaltung

Die theoretische Spitzen-Spitzen-Spannung wäre nun:

$$U_{SS} = 0,5\,V \cdot 9,3 \cdot \sqrt{2} \cdot 2 = 13,15\,V$$

Bei 12V Versorgungsspannung ist das (zumindest mit dieser Schaltung) nicht möglich, das Ausgangssignal übersteuert, es „clippt". Wie wir sehen, werden die positiven Halbwellen stärker beschnitten als die negativen. Der Arbeitspunkt der Schaltung ist also nicht ganz symmetrisch eingestellt. (Es ist jedoch wenig sinnvoll, mit hohem Aufwand für ein exakt symmetrisches übersteuertes Signal zu sorgen. Lieber betreibt man diesen Aufwand dafür, ein Übersteuern des Signals zu vermeiden.)

4.3.5 Dimmer

Bild 4.55 zeigt den Schaltplan eines spannungsgesteuerten Dimmers. Eine Eingangsspannung zwischen 0 V und 10 V soll den angeschlossenen Verbraucher zwischen 0 % und 100 % dimmen.

Dazu vergleicht ein als Komparator verwendeter Operationsverstärker das Eingangssignal mit einer netzsynchronen Sägezahnspannung.

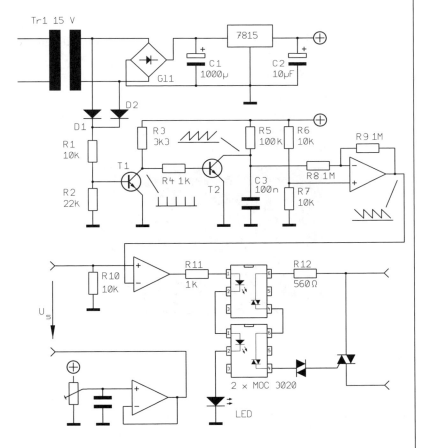

Bild 4.55:
Spannungsgesteuerter
Dimmer

109

Die Dioden D1 und D2 erzeugen eine gleichgerichtete, aber ungesiebte netzsynchrone Sinusspannung:

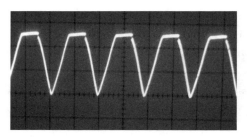

Bild 4.55a:
Gleichgerichtete
Sinusspannung

Wie deutlich zu erkennen ist, ist diese Sinusspannung deutlich verzerrt, die Signalspitzen sind quasi abgeschnitten. Die Ursache dafür ist, dass der Netztrafo deutlich belastet wird, sobald am Gleichrichter die Spannung des Ladeelkos erreicht ist und ein Strom zum Nachladen fließt.

Diese gleichgerichtete Sinusspannung steuert den Transistor T1 durch, mit Ausnahme der Nulldurchgangsmomente. Somit entstehen am Kollektor von T1 Nadelimpulse, die synchron zu den Nulldurchgängen der Netzspannung sind:

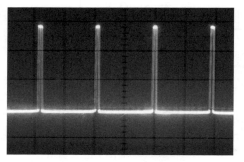

Bild 4.56:
Netzsynchrone
Nadelimpulse

Mit diesen Nadelimpulsen wird nun der Transistor T2 angesteuert. Der Kondensator C3 wird über den Widerstand R5 aufgeladen. In den Nulldurchgängen der Netzwechselspannung – wenn am Kollektor von T1 wieder ein Nadelimpuls anliegt – schaltet T2 durch und entlädt den Kondensator. Nach der kurzen Dauer des Nadelimpulses kann C3 dann wieder geladen werden. Am Kollektor von T2 entsteht also eine netzsynchrone Sägezahnspannung. Deutlich zu sehen ist, dass der Kondensator nicht mit einer Konstantstromquelle geladen wird. Der Strom wird mit zunehmender Spannung an C3 geringer, dementsprechend reduziert sicht auch der Spannungsanstieg, die Sähezähne werden rund:

Bild 4.57:
Netzsynchrone
Sägezahnspannung

Die Funktion des Komparators ist einfacher zu verstehen, wenn die Sägezahnfunktion fallend ist. Da es sich um eine Schaltung handelt, die in einem Lichttechnikbuch zum Nachbau abgedruckt wurde, wird der Sägezahn am folgenden Operationsverstärker invertiert:

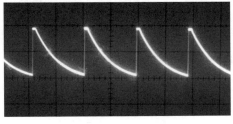

Bild 4.58:
Fallende Zähne

Je höher die Eingangsspannung am Komparator, deso früher ist sie höher als die netzsynchrone Sägezahnspannung, desto früher schaltet der Komparator und somit auch der Triac durch:

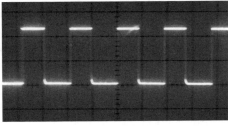

Bild 4.59:
Ausgangsspannung des
Komparators

Die Rechteckspannung am Ausgang des Operationsverstärkers hat stets dieselbe Spannung, gesteuert wird über den Zeitpunkt der positiven Halbwelle und somit über die Pulsbreite. (Mit geringen Modifikationen könnte man diese Schaltung auch zur Pulsweitensteuerung verwenden. Wir haben hier jedoch eine Phasenanschnittsteuerung.)

111

Das folgende Oszillogramm zeigt nun nicht die Spannung an der Lampe, sondern die Spannung, die am Triac abfällt – wenn sie (wesentlich) von der Nulllinie abweicht, dann sperrt der Triac und die Lampe ist aus.

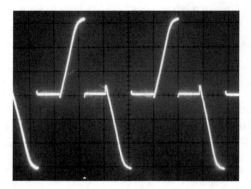

Bild 4.60:
Am Triac
abfallende
Spannung

4.4 Digitale Oszilloskope

Analoge Oszilloskope haben erhebliche Schwierigkeiten bei der Darstellung langsamer Signale: Unterhalb einer Ablenkzeit von 2 ms/DIV beginnt der Elektronenstrahl sichtbar zu flimmern, unterhalb von 20 ms/DIV lässt er sich dann schon mit dem Auge verfolgen. Mit Einschränkungen sind auch hier Messungen möglich. Manche Signale haben jedoch Periodendauern von Minuten, Stunden oder gar Tagen – da kann man mit dem analogen Oszilloskop nichts mehr ausrichten, auch nicht mit Geräten, die eine extra lang nachleuchtende Bildröhre haben.

Das andere Problem analoger Oszilloskope ist die Darstellung einmaliger Ereignisse. Um ein stehendes Bild zu schreiben, sollte derselbe Vorgang sich etwa fünfmal pro Sekunde wiederholen, Flimmerfreiheit erhält man ab etwa 50 Hz.

Von daher wurde schon vor vielen Jahren damit begonnen, digitale Speicher in die Geräte einzubauen. Damit lassen sich langsame oder einmalige Signale aufzeichnen und dann mit der nötigen Frequenz ausgeben. Zu dieser Zeit herrschten Kombinationsgeräte vor – je nach Aufgabe wurde analog oder digital gearbeitet.

Inzwischen steigt der Marktanteil reiner Digitalgeräte. Insbesondere Software-Lösungen für den PC (im Bundle mit entsprechenden AD-Wandlern) gewinnen zunehmend an Verbreitung. Wir wollen uns hier zwei Lösungen ansehen.

4.4.1 DSO-220 USB

Das *DSO-220 USB* wird – wie die Bezeichnung schon nahelegt – an die USB-Schnittstelle eines PCs angeschlossen und auch darüber mit Strom versorgt. Es handelt sich um ein zweikanaliges Gerät mit bis zu 20 MS/s, damit kann bis knapp 10 MHz gearbeitet werden, die Analogbandbreite gibt der Hersteller mit 8 MHz an.

Das DSO-220 USB wird bei der Drucklegung des Buches für rund 200,- Euro angeboten, gehört also zu den preisgünstigsten Geräten auf dem Markt – das sollte man bei der Formulierung der Ansprüche berücksichtigen.

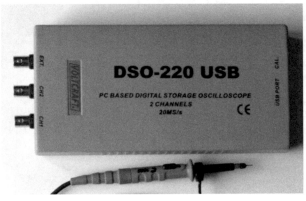

*Bild 4.61:
DSO-220 USB*

Das Gerät weist vorne drei BNC-Buchsen auf: Die beiden Eingangskanäle und die externe Triggerung. Die Eingangskanäle haben freundlicherweise eine Impedanz von 1 MΩ, so dass han-

113

delsübliche Teilertastköpfe angeschlossen werden können. Das ist auch dringend nötig, der Eingangsspannungsbereich liegt bei 5V/DIV, das entspricht einer maximal darstellbaren Spannung von $20\,V_p$.

Auf der Rückseite ist die USB-Buchse zu finden sowie ein Kalibriersignal von 1kHz und $1\,V_p$. Der danebenliegende Tastkopf ist nicht im Lieferumfang enthalten, sondern dient dem Größenvergleich.

Das Gerät löst 8 Bit auf. Angesichts der Auflösungen in der Audiotechnik mag das wenig erscheinen, viele professionelle digitale Oszilloskope haben jedoch auch nicht mehr. Wird das Ausgabefenster auf eine Größe gezogen, die in etwa der eines analogen Oszilloskops entspricht, dann würde eine Auflösung von 8 Bit in etwa einer Auflösung von einem Pixel entsprechen – genauer muss es für solche Zwecke nicht sein.

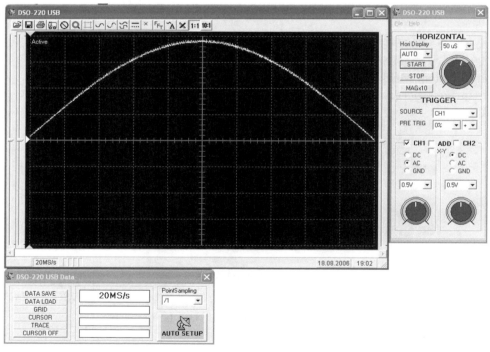

Bild 4.62: Software DSO-220 USB

Die Software arbeitet mit drei Fenstern, die bei einer Größen-
änderung des Screen-Fensters auch brav an diesem Andocken.
Die Bedienungselemente sind einem analogen Oszilloskop nach-
empfunden, man findet sich somit sehr schnell zurecht.

Die beiden Kanäle können einzeln oder zusammen dargestellt
werden, sie lassen sich auch addieren – allerdings ist eine
Differenzmessung leider nicht möglich (XY-Darstellung geht allerdings). Die Eingangsempfindlichkeit kann zwischen 50 mV/
DIV und 5V/DIV eingestellt werden. Die maximale Spannung
beträgt – wie bereits erwähnt – 20 V_p, das wären bei einem Sinus-Signal etwa 14,2 V – ein 10:1-Tastkopf kann man wohl als
zwingend betrachten.

In der Software lässt sich die Verwendung eines 10:1-Tastkopfes
einstellen, so dass alle Spannungen korrekt angezeigt werden.
Allerdings kann diese Einstellung nur für beide Kanäle gemeinsam durchgeführt werden.

Die Horizontalablenkung lässt sich zwischen 50 ns/DIV und
0,5s/DIV einstellen. Der langsamste komplett darstellbare
Wellenzug hätte also eine Frequenz von 0,2 Hz. Die Bandbreiten-
grenze 8 MHz würde in der schnellsten Horizontalablenkung vier
ganze Wellenzüge auf den Screen schreiben, auch das ist ein
akzeptabler Wert. (Am Rande: das etwas teurere Schwestermodell
DSO-2100 USB hätte eine Horizontalablenkung zwischen 5 ns
und 1 h/DIV.)

Beim Ausmessen der Kurven sind digitale Oszilloskope ihren
analogen Kollegen meist deutlich überlegen:

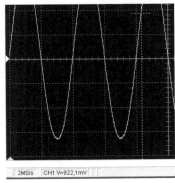

Bild 4.63:
Trace-Modus

115

Im Trace-Modus wird die horizontale Position des Mauszeigers den entsprechenden X-Wert zugeordnet und der Kurvenwert an dieser Stelle angezeigt (die grüne Markierung ist in der Realität deutlich einfacher zu erkennen als in Bild 4.63).

Im Cursor-Modus wird die tatsächliche Position des Mauszeigers in Diagrammkoordinaten umgerechnet und angezeigt. Hier lassen sich dann auch Rahmen aufziehen, deren Abmessungen das Programm in der Statusleiste anzeigt. Die Frequenzberechnung basiert auf der Annahme, dass exakt ein vollständiger Wellenzug eingerahmt wurde – dann aber wird die Frequenz mit erfreulich hoher Genauigkeit angezeigt.

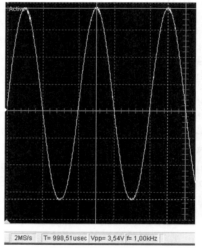

Bild 4.64:
Cursor-Modus

Frequenzen lassen sich auch mit dem FFT-Modus ermitteln. Dabei wird das Eingangssignal einer FFT-Analyse unterzogen und das Ergebnis als Frequenzspektrum angezeigt. Die Auflösung wird mit dem Drehschalter der X-Ablenkung eingestellt, dessen Beschriftung leider dafür nicht angepasst wird.

Als Zugeständnis an den günsigen Preis muss man wohl auch sehen, dass es im FFT-Modus keinerlei Pegelskalierung gibt, und dass sich keinerlei Parameter wie beispielsweise ein Fenster einstellen lassen.

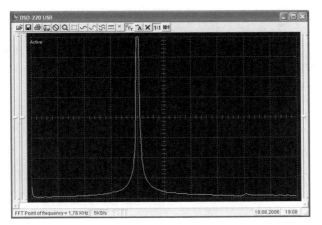

Bild 4.65:
FFT-Analyse

Mit der FFT-Analyse lässt sich besonders einfach die Aussteuerungsgrenze einer Schaltung ermitteln: Sobald die harmonischen Oberwellen massiv zunehmen, ist diese Clipping-Grenze erreicht (und in der folgenden Abbildung deutlich überschritten – die dritte, die siebte und die neunte Harmonische sind ganz massiv):

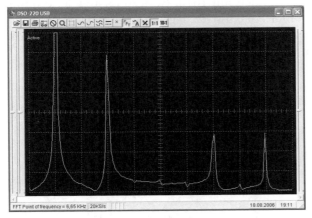

Bild 4.66a:
FFT-Analyse eines
stark verzerrten
Signals

Das Oszillogramm zeigt passend dazu, wie aus einem Signal, das einmal ein Sinussignal gewesen ist, durch massive Übersteuerung ein Rechtecksignal gemacht wurde:

117

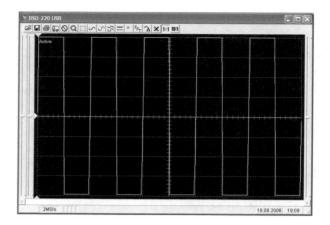

*Bild 4.66b:
Oszillogramm eines
stark verzerrten
Signals*

4.4.2 MEphisto Scope 1

Das MEphisto Scope 1 der Firma Meilhaus Electronic setzt sich
vor allem durch zwei Eigenschaften von den Mitbewerbern ab:
Das Gerät wandelt mit 16 Bit (was zu Lasten der Sampling Rate
geht, die hier bei 0,5 MHz liegt), und es weist zusätzlich 24 digitale Ports auf, die als Ein- oder als Ausgang konfiguriert werden
können.

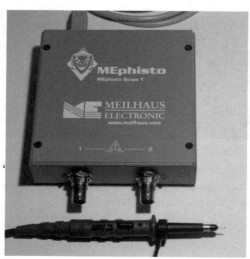

*Bild 4.67:
MEphisto Scope 1*

Bild 4.67 zeigt die Hardware, der Tastkopf liegt wieder für den Größenvergleich dabei und gehört nicht zum Lieferumfang. Das Gerät kommt in einem stabilen Metallgehäuse und ist sehr handlich. Auf der Vorderseite sind die beiden BNC-Buchsen, auf der Rückseite gibt es einen USB-Anschluss sowie einen SUB-D-Anschluss für die digitalen Ein- und Ausgänge.

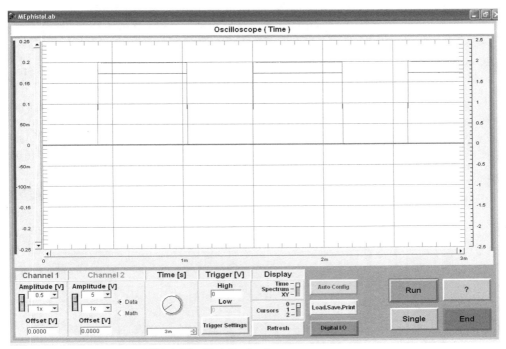

Bild 4.68: 10:1-Tastopf

Beim Studieren des Datenblatts fällt einem auf, dass die Eingangsimpedanz nur $850\,\mathrm{k\Omega}$ beträgt, beim Anschluss eines 10:1-Tastkopfs geht die Spannung also stärker als um den Faktor 10 zurück. Dies ist aber nicht weiter problematisch, wenn man den verwendeten Tastkopf bei den Kanaleinstellungen richtig angibt: MEphisto rechnet dann diesen Spannungsverlust aus dem Ergebnis wieder heraus.

Der Eingangsspannungsbereich beträgt maximal +/-10V, so dass ein Teilertastkopf (nach Möglichkeit einen umschaltbaren) in vielen Fällen unabdingbar ist.

Die Oberfläche mischt graphische Anlehnungen an ein Analog-Oszilloskop mit Windows-Bedienelementen, man hatte dabei nicht immer eine glückliche Hand.

Gewöhnungsbedürftig ist beispielsweise die Einstellung der Y-Verstärkung. Statt der Spannung pro DIV wird hier die Gesamtspannung angegeben – bei 20 V umfasst das Diagramm also -10 V bis +10 V. Lästig ist, dass die Triggereinstellungen nicht im Direktzugriff liegen, besonders dann, wenn man häufig zwischen den Eingangskanälen wechselt.

Es können zwei Cursor verwendet werden, die auf beliebige Stellen im Oszillogramm (oder auch im Frequenzdiagramm der FFT-Analyse) geschoben werden, am unteren Bildschirmrand werden dann nicht nur die beiden Positionen auf den gewählten Kurven, sondern auch die Differenz davon angezeigt. So lässt sich beispielsweise recht einfach eine Spitzen-Spitzen-Spannung ermitteln.

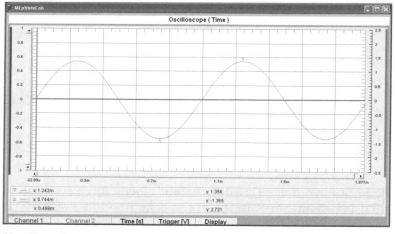

Bild 4.69:
Ausmessen des
Signals mit zwei
Cursorn

Um Details eines Diagramms genauer zu betrachten, wird einfach ein entsprechender Rahmen auf dem Screen aufgezogen. Um wieder zur Volldarstellung zurückzukehren, klickt man auf den Button *Refresh*. Apropos Button: Mit *Run* startet man den Betrieb, mit *Stop* beendet man ihn, dabei wird der aktuelle Bildschirminhalt beibehalten. Um nur einen einzelnen Screen voll aufzuzeichen, verwendet man *Single*.

Channel 1 zeigt stets die am Eingang anliegenden Daten an, während bei *Channel 2* auch mathematische Auswertungen eines oder beider Kanäle dargestellt werden können. Dafür stehen nicht nur die Grundrechenarten zur Verfügung, sondern eine längere Liste mathematischer Funktionen.

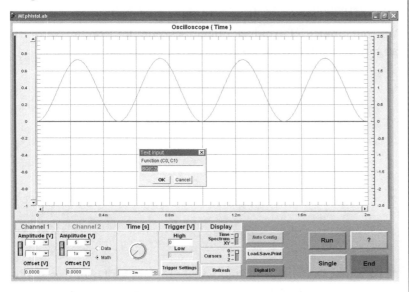

Bild 4.70:
Quadrat des
Eingangssignals

Neben der klassischen Scope-Darstellung gibt es auch die Möglichkeit der FFT-Analyse:

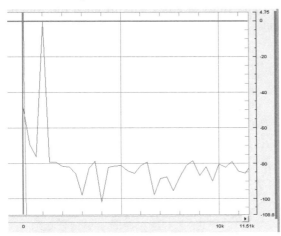

Bild 4.71:
FFT-Analyse

121

Wenn man bedenkt, dass dieses Gerät vom Frequenzumfang her für den Audio-Bereich prädestiniert ist, dann ist nicht ganz verständlich, warum es hier nur eine lineare und keine logarithmische Frequenzdarstellung gibt. Auch Feineinstellungen der FFT-Analyse (beispielsweise verschiedene Fenster-Funktionen) sucht man vergebens.

Wie bei einer FFT-Analyse üblich, werden die Ergebnisse in dB angezeigt, dabei werden sie auf die Signalstärke normiert.

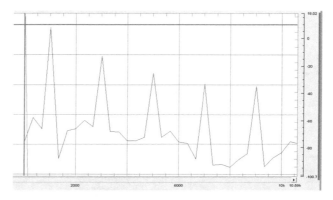

Bild 4.72:
FFT-Analyse eines
verzerrten Signals

Am Rande: Der zweite Kanal wurde für die FFT-Analyse explizit ausgeschaltet. Dennoch wird er im Diagramm angezeigt, und zwar als einzelner Frequenzpeak bei 0 Hz.

Neben der FFT-Analyse gibt es dann noch die Möglichkeit der XY-Anzeige:

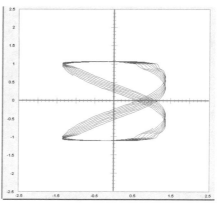

Bild 4.73:
XY-Darstellung

122

Neben dem Oszilloskop bietet die Software zum Mephisto Scope 1 auch andere Programme, beispielsweise einen Logik-Analysator (über die Digital-Eingänge) sowie einen analogen und einen digitalen Daten-Logger.

Auch ein Voltmeter steht zur Verfügung, die Anzeige ist der analoger Voltmeter nachgebildet und um eine digitale Anzeige ergänzt:

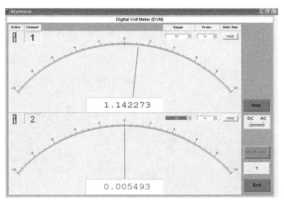

Bild 4.74:
Spannungsmesser
mit Zeigerdarstellung

Am Rande: Der Kanal 2 wurde für diesen Screenshot analog kurzgeschlossen.

123

Audiotechnik

5

Messungen in der Audiotechnik umfassen so unterschiedliche Themen wie

- Messung an rein elektronischen Geräten wie Verstärker oder Schallspeichergeräten. Dabei interessieren Größen wie Rauschen, Frequenzgang oder Klirrfaktor.

- Messung an Lautsprechern, insbesondere Frequenzgang, aber auch Impedanzgang, Zeitverhalten, Klirrfaktor.

- Messung von raumakustischen Größen, insbesondere das Reflexionsverhalten und die Nachhallzeit, aber auch Frequenzgang, Sprachverständlichkeit oder so Exotika wie die interaurale Kreuzkorrelation.

- Schallpegelmessungen in allen Varianten: Spitzenpegel, Momentanpegel mit verschiedenen Zeitbewertungen, energieäquivalenter Mittelungspegel, Taktmaximalpegel, und das alles mit den Frequenzbewertungen A, C und Z (linear).

Genug Stoff für dieses Kapitel. Allen diesen Themenbereichen gemeinsam ist der Umstand, dass es um Frequenzen zwischen 20 Hz und 20 kHz geht, also dort, wo ein gesundes menschliches Gehör etwas wahrnimmt.

5.1 Messung an elektronischen Geräten

Es gibt eine schwer zu überschauende Anzahl von elektronischen Geräten in der Audiotechnik: Vor- und Leistungsverstärker, Klangregler und Equalizer, Radio- und Fernsehempfänger, Aufzeichnungsgeräte wie Tonband- und MiniDisc-Geräte, Wiedergabegeräte wie CD- und MP3-Player, Dynamikeffektgeräte wie

Kompressoren, Limiter oder Gates, Klangeffektgeräte wie Hall, Chorus oder Harmonizer und natürlich Massiv-Kombinationen solcher Schaltungen in Form von Mischpulten oder universalen Effektgeräten. Dies alles hat spezifische Eigenschaften, und die meisten davon kann man messen (für spezifische Klangeigenschaften von beispielsweise Hallgeräten gibt es keine Messverfahren, sie können nur mit dem Ohr beurteilt werden). Sie werden mir hoffentlich zustimmen, dass dies alles für Kapitel 5.1 ein wenig viel wäre – wir beschränken uns auf ein paar Beispiele.

5.1.1 Messung an einer Verstärkerschaltung

Betrachten wir Bild 5.1, eine Verstärkerschaltung in simpelster Ausführung:

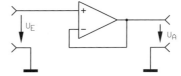

Bild 5.1:
Einfacher
Verstärker

Theoretisch wird eine Verstärkerschaltung durch folgende Formel beschrieben:

$$U_A = V \cdot U_E$$

U_A ist dabei die Ausgangsspannung, V der Verstärkungsfaktor und U_E die Eingangsspannung. Wir haben in Bild 5.1 den Sonderfall, dass der Verstärkungsfaktor eins beträgt, somit lautet die Formel:

$$U_A = U_E$$

Soweit die Theorie. In der Praxis haben wir folgende Abweichungen vom Ideal:

■ Die Ausgangsspannung ist mit einem Gleichspannungsoffset überlagert. (Würde man den Ausgang mit einem Kondensator abblocken, hätten wir eine untere Grenzfrequenz.)

▪ Mit zunehmender Frequenz geht die Ausgangsspannung zurück, wir haben also eine obere Grenzfrequenz.

▪ Das Ausgangssignal ist mit einem statistisch zufälligen Wechselspannungsgemisch, einem Rauschen überlagert.

▪ Es bestehen Abweichungen von der idealen Kurvenform, wir haben also nichtlineare Verzerrungen („Klirren"). Diese nichtlinearen Verzerrungen sind pegel- und frequenzabhängig. Insbesondere bei Ausgangsspannungen knapp unter der Versorgungsspannung nehmen diese Verzerrungen massiv zu.

Gleichspannungsüberlagerungen interessieren eigentlich nicht, weil so gut wie jeder Ausgang mit Kondensatoren abgeblockt ist (oder Ausgangsübertrager hat), wir haben also eine untere und eine obere Grenzfrequenz, also einen Frequenzgang. Damit werden wir uns noch eingehend beschäftigen, und zwar bei den Lautsprechern, da sind die Frequenzgänge auch viel interessanter.

Bleibt also Rauschen und nichtlineare Verzerrungen. Hier muss ich jedoch erst einen kleinen Exkurs einschieben: Was ist eigentlich ein dB?

5.1.2 Das dB

Das Dezibel ist ein zehntel Bel, genauso wie ein Dezimeter ein zehntel Meter ist. Die Maßeinheit Bel ist nach dem amerikanischen Physiker Alexander Graham Bell benannt, der wesentliche Verdienste bei der Weiterentwicklung des Telefons erworben hat. Die Maßeinheit Bel wurde auch zuerst in der Telephonie verwendet, wir werden später noch darüber fluchen.

Durch die Einheit Bel werden zwei Größen miteinander verglichen, der (briggsche) Logarithmus des Quotienten wird in Bel angegeben:

$$p = \lg \frac{a}{b} \quad [\text{in Bel}]$$

Hat die Größe a beispielsweise den Wert 10 Äpfel und die Größe b den Wert 1 Apfel, so beträgt der Quotient (a:b) 10, dessen Logarithmus beträgt 1. A sind demnach 1 Bel mehr Äpfel als b. Mit der Einheit Bel können also nicht nur Leistungen und Schalldrücke verglichen werden, sondern alle nur erdenklichen Größen. Weil die Angaben in Bel relativ „ungenau" sind, hat es sich durchgesetzt, Vergleiche nicht in Bel, sondern in Dezibel auszudrücken. Da zehn Dezibel ein Bel sind, lautet oben genannte Formel nun folgendermaßen:

$$p = 10 \cdot \lg \frac{a}{b} \ [\text{in dB}]$$

Laut Definition des Logarithmus hat die Zahl 1 den Logarithmus 0, Zahlen kleiner 1 einen negativen Logarithmus. Für negative Zahlen ist der Logarithmus nicht definiert. Um nicht jedesmal den Taschenrechner bemühen zu müssen, gibt die Tabelle auf der nächsten Seite die notwendigen Werte an. Die Spalte QFkt soll zunächst mal nicht interessieren.

Es fällt auf, dass ab 10 dB bzw. –10 dB keine Zwischenwerte mehr angegeben sind. Dies ist auch nicht notwendig, da diese Zwischenwerte einfach berechnet werden können. Dazu werden die beiden folgenden mathematischen Gesetze herangezogen:

Zwei Zahlen werden miteinander multipliziert,
indem man ihre Logarithmen addiert.

Zwei Zahlen werden dividiert,
indem man ihre Logarithmen subtrahiert.

37 dB wären demnach 30 dB + 7 dB = 1000 × 5 = 5000 oder auch 40 dB –3 dB = 10 000 : 2 = 5000.

Genauso sind -37 dB = –30 dB –7 dB = 0,001 : 0,2 = 0,0002 oder –40 dB + 3 dB = 0,0001 x 2 = 0,0002.

Die Zahlen in der Tabelle sind gerundet, bei exakter Berechnung wäre

$$1 \text{ db} = \sqrt[10]{10} = 1{,}2589254$$

Faktor	dB	QFkt	Faktor	dB	QFkt
0,000 001	– 60 dB	0,001	1 000 000	60 dB	1 000
0,000 001	– 50 dB	0,0031	100 000	50 dB	315
0,000 1	– 40 dB	0,01	10 000	40 dB	100
0,001	– 30 dB	0,0315	1 000	30 dB	31,5
0,01	– 20 dB	0,1	100	20 dB	10
0,1	– 10 dB	0,315	10	10 dB	3,15
0,125	– 9 dB		8	9 dB	
0,16	– 8 dB	0,4	6,3	8 dB	2,5
0,2	– 7 dB		5	7 dB	
0,25	– 6 dB	0,5	4	6 dB	2
0,315	– 5 dB		3,15	5 dB	
0,4	– 4 dB	0,63	2,5	4 dB	1,6
0,5	– 3 dB		2	3 dB	
0,63	– 2 dB	0,8	1,6	2 dB	1,25
0,8	– 1 dB		1,25	1 dB	
1	0 dB	1	1	0 dB	1

Tabelle 5.1:
Dezibel-Faktoren

Deshalb ist auch beispielsweise 5 dB = 2 dB + 3 dB nicht 1,6 × 2 = 3,2 , sondern 3,15.

Mit dB-Werten lassen sich nun recht einfach Verstärkungen ausrechnen. Bsp.: Ein Eingangssignal hat einen Pegel von –45 dBm (dBm wird noch erklärt), wird im Eingangsverstärker um 50 dB verstärkt, am Fader um -10 dB verstärkt (also abgeschwächt), am Equalizer um 6 dB verstärkt. Welchen Pegel hat das Signal ? –45 + 50 –10 + 6 = 1 dBm.

dB bei Feldgrößen

Wird eine Spannung um den Faktor f verstärkt, so wird die dazugehörige Leistung um den Faktor f^2 verstärkt, da $P = U^2 / R$, die Leistung also mit dem Quadrat der Spannung steigt. Eine Spannungsverstärkung um den Faktor 2 ist also eine Leistungsverstärkung um den Faktor 4.

Größen, die mit der Leitung in einem quadratischen Zusammenhang stehen – vor allem Spannung, Strom und Schalldruck – nennt man Feldgrößen. Die Größen, die in einem linearen Verhältnis zu Leistung stehen, nennt man Leistungsgrößen.

Um sich das Leben zu erleichtern, wurde bei der dB-Rechnung festgelegt, dass eine Verstärkung einer Feldgröße um x dB auch eine Verstärkung einer Leistungsgröße von x dB ist und umgekehrt.

Wird eine Leistung um den Faktor 10 verstärkt, so wird die dazugehörige Spannung nur um den Faktor 3,15 verstärkt. Wird dagegen eine Spannung um den Faktor 10 verstärkt, so wird die Leistung um den Faktor 100 verstärkt. Der Zusammenhang $p = 10 \times \log(a/b)$ gilt nun nicht mehr, sondern bei Feldgrößen (Spannungen, Ströme und Schalldrücke) gilt:

$$p = 20 \cdot \lg \frac{a}{b} \text{ [in db]}$$

Eine Spannungsverstärkung um den Faktor 10 ist demnach eine Verstärkung um 20 dB. Schaut man sich in der Tabelle die Spalte QFkt (quadratischer Faktor) an, so stellt man fest, dass der (Leistungs-)Faktor immer das Quadrat des Spannungsfaktors ist. Auf der anderen Seite hat eine Spannungsverstärkung immer den doppelten dB-Wert wie eine Leistungsverstärkung um den gleichen (linearen) Faktor.

Dieser „Bruch" bei der Umwandlung von dB-Werten in Faktoren hat den Vorteil, dass man sich, solange man in dB rechnet, nicht darum kümmern muss, ob man gerade eine Spannung oder eine Leistung verstärkt.

dBm und dBV

Das dB für sich allein ist ein relatives Maß, es gibt also keinen Bezugspunkt; um einen dB-Wert angeben zu können, werden also immer zwei Werte gebraucht, die miteinander verglichen werden. Nun gibt es zwei Einheiten für Spannungen, das dBm und das dBV, die sich auf einen festen Wert beziehen. Hier braucht man zur Angabe eines dB-Wertes nur noch den Wert a, b ist eine Konstante. Dies hat den Vorteil, dass man alle Spannungen – in einem Mischpult beispielsweise – in dB angeben kann; diese Spannungen beziehen sich dann auf den Normpegel 0 dB.

Eine dieser Einheiten ist das dBV. 0 dBV sind 1 V, demnach sind 20 dBV 10 V (wir erinnern uns: Spannungen sind Feldgrößen) und – 40 dBV sind 0,01 V. Man könnte mit dieser Einheit sehr schön rechnen, leider ist sie in der Audiotechnik nicht durchgängig gebräuchlich.

Recht gebräuchlich ist auch das dBm, wobei 0 dBm 0,775 V sind. Warum so ein „krummer" Wert? Wie anfangs schon erwähnt, kommt das dB aus der Telefontechnik. Dort haben Hörer-Kapseln einen Widerstand von 600 Ω und brauchen ca. 1 mW, um eine verständliche Lautstärke zu erzeugen.

Dieses 1 mW definierte man nun als 0 dBm, und wie leicht nachzurechnen ist, entspricht 1 mW an 600 Ω genau der Spannung von 0,775 V. 6 dBm, häufig der nominelle Ausgangspegel von Studiomischpulten, entspricht dann 1,55 V.

5.1.3 Rauschen

Rauschen ist ein statistisch zufälliges Signal, welches am Ausgang unabhängig von einem Eingangssignal anliegt. Seine Ursache liegt im thermischen Rauschen der Bauteile.

Prinzipiell könnte man also den Eingang offen lassen (oder mit einem definierten Widerstand abschließen), die Ausgangsspannung messen und diese in mV oder µV angeben.

Unter „Eingang abschließen" versteht man das Anbringen eines Widerstands parallel zum Eingang

Der erste Schritt dieser Vorgehensweise wäre noch richtig: Für eine Messung des Rauschens wird kein Eingangssignal verwendet. Ein offener Eingang führt allerdings zu einem höheren Rauschen, und je geringer der Widerstand ist, mit dem der Eingang abgeschlossen wird, desto geringer ist das Rauschen. Sofern es sich nicht aus der Norm ergibt, sollte beim Ergebnis stets angegeben sein, mit welchem Widerstand der Eingang abgeschlossen wurde.

Bandbreite

Bauteilrauschen ist sogenanntes weißes Rauschen, es ist also statistisch über die lineare Frequenzachse gleich verteilt. Würden wir die Messung beispielsweise mit einem Millivoltmeter oder einem Oszilloskop vornehmen, das eine Bandbreite von 20 MHz hat, dann würde die Hälfte des Pegels durch das Rauschen unter 10 MHz und die andere Hälfte durch das Rauschen darüber verursacht. Dieselbe Messung mit einer Bandbreite von 1 MHz vorgenommen würde zu einem Ergebnis führen, das deutlich geringer ist. (Die Spannung würde nicht um den Faktor 20 geringer sein, sondern nur um 4,47, was der Quadratwurzel aus 20 entspricht – das Rauschen ist leistungsmäßig gleich verteilt.)

Um zu vergleichbaren Messwerten zu kommen, muss die Messung mit einer definierten Bandbreite durchgeführt werden. In der Audiotechnik interessiert eigentlich nur das, was man hört, somit würde es nahe liegen, den Bereich von 20 Hz bis 20 kHz zu nehmen. Da jedoch international harmonisierte Normung alles Mögliche produziert, nur keine naheliegenden Werte, liegt die Bandbegrenzung bei der sogenannten unbewerteten Störspannungsmessung nach DIN 45405 (*Störspannungsmessung in der Tontechnik*) und CCIR 468-4 (CCIR steht für *Consultative Committee for International Radio*) bei 22 Hz bis 22 kHz.

Bewertungsfilter

Wenn es unbewertete Störspannungsmessungen gibt, dann liegt der Verdacht nicht ferne, dass es auch bewertete gibt. Wenn wir jetzt mal Sonderfälle wie beispielsweise die Telefontechnik außen vor lassen, dann gibt es vor allem zwei Bewertungsfilter:

- Das A-Bewertungsfilter, das an die sogenannten Fletcher-Munson-Kurven bei niedrigen Lautstärken angelehnt ist. Dieses Bewertungsfilter wird vor allem bei Consumer-Geräten verwendet.

- Das CCIR-Bewertungsfilter, das im Gegensatz zum A-Bewertungsfilter seinen Peak dort hat, wo das Gehör maximal empfindlich ist, dann aber nach beiden Seiten linear abfällt. Dieses Bewertungsfilter ist vor allem in der Tonstudiotechnik und beim Rundfunk gebräuchlich.

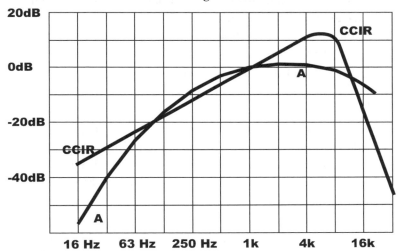

Bild 5.2:
A- und CCIR-Frequenz-bewertungsfilter

Allen gebräuchlichen (und weniger gebräuchlichen) Bewertungsfiltern ist gemeinsam, dass sie bei 1 kHz eine Verstärkung von 1, also 0 dB haben.

Gleichrichterschaltung

Üblicherweise werden Wechselspannung als Effektivwert angezeigt. In der Audiotechnik verwendet man eigentlich nur die englische Abkürzung RMS, was für *root mean square* steht.

Das Gehör reagiert jedoch auf einzelne Spitzen im Rauschen besonders empfindlich, so dass in der Tonstudiotechnik lieber der Spitzenwert zur Messung herangezogen wird. Allerdings nicht der richtige Spitzenwert, sondern der um 3 dB reduzierte Spitzenwert, im Fachbegriff Quasi-Peak. Die Reduktion um 3 dB sorgt nun dafür, dass bei einem reinen Sinus-Signal RMS und Quasi-Peak gleich groß sind. Je größer der Crest-Faktor, desto höher wird der Spitzenwert und somit der Quasi-Peak. Bei einem Rechtecksignal liegt der Quasi-Peak 3 dB unter dem RMS.

Werden Pegel als Quasi-Peak angegeben, dann hängt man ein *qp* an, beispielsweise also *-87dBqp*.

Störspannungsabstand

Das Rauschen wird in der Audiotechnik nicht in Volt, sondern in dB angegeben. Wird die absolute Größe angegeben, dann in dbV oder dBm. Oft wird auch das Rauschen als relative Größe angegeben, bezogen auf den Normal-Ausgangspegel.

Liegt beispielsweise der Normal-Ausgangspegel bei 6 dB und das Rauschen bei -80 dB, dann liegt der Störspannungsabstand bei 86 dB.

In der deutschen Sprache wurden dafür viele Bezeichnungen erfunden, Rauschabstand, Geräuschspannungsabstand, Störspannungsabstand, Fremdspannungsabstand. Im Englischen heisst das stets *signal (to) noise ratio*, abgekürzt S/N oder SNR.

Bei Schaltungen mit hoher Verstärkung, insbesondere bei Mikrofon-Eingangsverstärkern, wird gerne auch das Rauschen des Eingangswiderstands angegeben. Bei solchen Schaltungen hängt das Rauschen am Ausgang maßgeblich vom Verstärkungsfaktor ab. Man tut deshalb so, als ob die gesamte Schaltung selbst rauschfrei sei und nur der Eingangswiderstand rauscht. Dessen Rauschen wird dann entsprechend verstärkt.

Wird also beispielsweise ein Rauschen des Eingangswiderstand von -130 dBV angegeben (das wäre nahe dem, was überhaupt möglich ist) und eine Verstärkung von 40 dB gewählt, dann würde das Rauschen -90 dBV betragen. Bei einer Verstärkung von 60 dB wären es dann nur noch -70 dBV.

Wenn das Rauschen des Eingangswiderstands angegeben wird, dann sollte stets dabei stehen, mit welchem Widerstand die Messung durchgeführt wurde. In der Tonstudiotechnik wären das üblicherweise 200 Ω. Je kleiner dieser Widerstand, desto kleiner ist auch das Rauschen.

Rauschen messen

Um Rauschen in der Audiotechnik zu messen, benötigt man einen Spannungsmesser, der

- empfindlich genug ist. Multimeter scheiden hier völlig aus.

- zumindest bandbreitenbegrenzt ist, nach Möglichkeit jedoch die benötigten Bewertungsfilter hat.

- nach Möglichkeit auch über eine Quasi-Peak-Schaltung verfügt.

Es gibt auf dem Markt etliche Audio-Messsysteme, welche diese (und andere) Messungen durchführen können. Üblicherweise sind diese nicht ganz billig (das kann durchaus ein fünfstelliger Euro-Betrag werden). PC-Lösungen scheitern üblicherweise an der Qualität der Soundkarte. Eine Alternative besteht darin, sich auf dem Gebrauchtgerätemarkt mit einem älteren Modell einzudecken. Eine Rohde & Schwarz UPA 3 – ein Gerät aus den Anfang der 80er Jahre – wird derzeit bei eBay für etwa 1500,- Euro gehandelt.

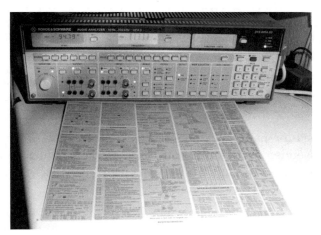

*Bild 5.3:
Rohde & Schwarz
UPA 3, hier mit
herausgezogener
Kurzanleitung*

Das Gerät ist prinzipiell modular aufgebaut, über Steckkarten könnten weitere Optionen nachgerüstet werden (B2 weitere Filter, B6 Generator, B8 Klirrfaktormessung B9 Wow & Flutter). Im UPA 3 sind die Optionen B6 und B8 jedoch bereits enthalten.

Die Messung kann zwischen zwei Eingängen umgeschaltet werden, wobei symmetrische und unsymmetrische Eingänge zur Verfügung stehen:

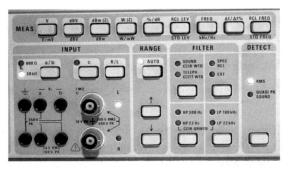

Bild 5.4:
UPA 3,
Eingangssektion

Neben Absolutmessungen in den gängigen Größen (V, dBm, dBV, Watt sowie die Frequenz in Hz) lassen sich auch Relativmessungen durchführen, die dann auf eine davor gespeicherte Größe bezogen werden. Als Standard-Filter gibt es die Hochpässe bei 22 Hz und 300 Hz sowie die Tiefpässe bei 22 kHz und 100 kHz sowie die Bewertungsfilter CCIR und CCITT (Telefon). Daneben kann auch ein externes Filter mittels BNC-Buchsen auf der Geräterückseite angeschlossen werden. Weitere Filter gibt es mit der Option B2, wie das A-Bewertungsfilter und einen frei einstellbaren Bandpass.

Der Gleichrichter lässt sich zwischen RMS und Quasi-Peak umschalten, bei der Wahl eines Filters wie CCIR wird das automatisch gleich richtig eingestellt.

Um eine Störspannung zu messen, würde man den Eingang des zu messenden Geräts mit dem vorgesehenen Widerstand abschließen, das passende Filter einstellen, die Anzeige auf dbV stellen und den Wert ablesen.

Wenn der Normal-Ausgangspegel bekannt ist, ist der Störspannungsabstand die Differenz dazu. Man könnte auch den Normalausgangspegel messen, speichern und eine Relativmessung dazu vornehmen – das Ergebnis wäre dann gleich der Störspannungsabstand.

Ist das Gerät mit der Option B6 ausgestattet, ist auch ein automatisiertes Messen des Störspannungsabstands möglich.

5.1.4 Klirrfaktor

Ein idealer Verstärker ist grenzenlos linear. Nehmen wir einen Verstärkungsfaktor von 10 an (also 20 dB), dann sollten bei 1 mV Eingangsspannung 10 mV am Ausgang anliegen, und bei 1 kV Eingangsspannung wären es dann 10 kV. Dass letzteres nicht geht, dürfte wohl sofort klar sein: Die Ausgangsspannung kann nicht größer als die Versorgungsspannung sein, und da arbeiten wir weder im Halbleiter- noch im Röhrenbereich mit mehreren tausend Volt.

Ein realer Verstärker ist also nicht grenzenlos linear, seine Linearität endet zumindest abrupt an der sogenannten Clipping-Grenze. Auch unter dieser Grenze ist die Linearität nicht ideal: Selbst ein stark gegengekoppelter Verstärker verformt die Signal ein ganz klein wenig – er klirrt.

Schauen wir uns aber erst mal das Clipping im Spektrum an. Bild 5.5 zeigt das Spektrogramm eines Sinus-Signals der Frequenz von 1 kHz bei einem Ausgangspegel von -8 dB. Dass der Eingangspegel nicht ebenfalls -8 dB beträgt, hängt mit der Grundverstärkung des Systems zusammen.

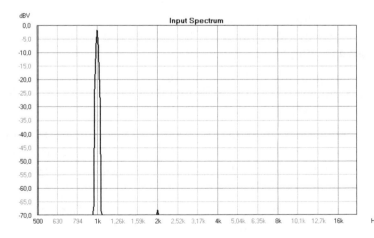

Bild 5.5:
Signal knapp unter der Clipping-Grenze

Wir erkennen einen klaren Peak bei 1 kHz, und wenn man ganz genau hinschaut, eine kleine „Nase" bei 2 kHz.

Nun erhöhen wir den Ausgangspegel um 1 dB (also auf -7 dB):

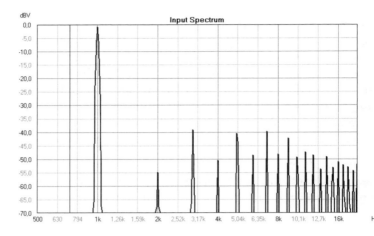

Bild 5.6:
Signal knapp über
der Clipping-Grenze

Wie leicht zu erkennen ist, haben wir jetzt plötzlich viele Frequenzen. Warum denn das?

Wenn das Sinus-Signal die Clipping-Grenze erreicht, dann wird die obere und untere „Kuppe" leicht abgeschnitten, die Signalform weicht also leicht von einem reinen Sinus ab.

Fourier
sprich „Fuhrjeh"

Wie der französische Mathematiker Jean Baptiste Joseph Fourier (1768 bis 1830) entdeckt hat, lässt sich jedes beliebige periodische Signal als Mischung von Sinuswellen unterschiedlicher Frequenzen darstellen. Dabei gilt:

- Die Frequenz dieses beliebigen periodischen Signals bestimmt die Grundwelle dieser Mischung von Sinuswellen. Alle anderen Sinuswellen liegen bei höheren Frequenzen.

- Die Sinuswellen höherer Frequenzen („Oberwellen", „Harmonische") stehen in einem geradzahligen Frequenzverhältnis zu Grundwelle. Liegt die Grundwelle bei 1 kHz, so liegen die Oberwellen bei 2 kHz, 3 kHz, 4 kHz und so weiter.

- Je nach Aussehen dieses „beliebigen periodischen Signals" stehen die Oberwellen in einem bestimmten Phasenwinkel zur Grundwelle. Alternativ kann man dies durch einen Sinus- und einen Cosinus-Anteil darstellen.

Wenn wir nun ein reines Sinus-Signal durch ein nicht-lineares Signalglied schicken, dann verformt dessen Kennlinie das reine Sinussignal in ein periodisches Signal, es entstehen dabei also Oberwellen. Die Stärke dieser Oberwellen ist nun ein Maß für die Nichtlinearität dieses Signalglieds.

Da die Oberwellen in einem festen Frequenzverhältnis zur Grundwelle stehen, kann man sie einfach durchnummerieren. Bei einer Grundfrequenz von 1 kHz (manchmal wird die Grundfrequenz als erste Harmonische bezeichnet, also H1) liegt die zweite Harmonische bei 2 kHz, H3 bei 3 kHz, H4 bei 4 kHz und so weiter.

Man unterscheidet nun in geradzahlige und ungeradzahlige Oberwellen. Ungeradzahlige Harmonische (H3, H5, H7...) entstehen durch Verzerrungen (Verformung der Signalform), die spiegelsymmetrisch zur 0-Achse sind – die positive Halbwelle wird also gleich verzerrt wie die negative Halbwelle.

Geradzahlige Harmonische (H2, H4, H6) entstehen durch Verzerrungen, die nicht symmetrisch zur 0-Achse sind – die positive Halbwelle wird also anders verformt als die negative. Üblicherweise treten beide Gruppen von Harmonischen gemeinsam auf.

In Bild 5.6 ist zu sehen, dass die ungeradzahligen Harmonischen deutlich stärker sind als die harmonischen – Clipping tritt nun mal symmetrisch auf. Allerdings steigen auch die geradzahligen Anteile gegenüber dem unverzerrten Signal deutlich an. Dies liegt daran, dass Clipping doch immer auch ein klein wenig unsymmetrisch ist. Bei einer symmetrischen Spannungsversorgung beispielsweise ist die positive Versorgungsspannung fast immer ein klein wenig anders als die negative Versorgungsspannung, auch die Schaltungen führen üblicherweise zu kleinen Unterschieden.

Wenn die Harmonische 40 dB unter der Grundwelle liegt, dann entspricht dies einem Klirrfaktor von 1 % (20 dB 10 %, 60 dB 0,1 %, 80 dB 0,01 %). Der Klirrfaktor der dritten Harmonischen – meist k3 genannt – würde also bei etwa 1,3 % liegen.

Bild 5.7 zeigt das Spektrum eines Rechtecksignals, man könnte dies als maximal clippendes Signal sehen. Hier liegt H3 etwa 10 dB unter der Grundwelle, was einem Klirrfaktor k3 von etwa 31% entsprechend würde.

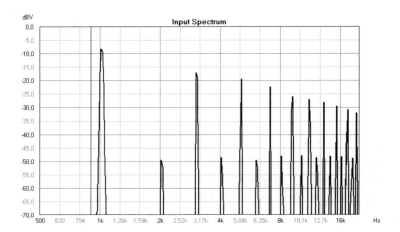

Bild 5.7:
Rechtecksignal

Definitions des Klirrfaktors

Das Gesamtsignal ist die Kombination der Grundwelle, aller Harmonischen sowie des breitbandigen Rauschen:

$$U_{ges} = \sqrt{H1^2 + H2^2 + H3^2 + H4^2 + H5^2 ... + U_{Noise}}$$

Für den Klirrfaktor in Prozent gilt dann:

$$k_{ges} = \frac{\sqrt{H2^2 + H3^2 + H4^2 + H5^2 ...(+U_{Noise})}}{U_{ges}} \cdot 100\%$$

Es werden alle Harmonischen geometrisch addiert und auf die Gesamtspannung bezogen. Gegebenenfalls wird breitbandiges Rauschen mit berücksichtigt (weil es dann einfach zu messen ist), es ist von der Größe her meist vernachlässigbar.

Manche Messsysteme beziehen den Klirrfaktor auch auf die Grundwelle H1 statt auf U_{ges}. Bei kleinen Klirrfaktoren macht dies überhaupt keinen Unterschied.

Der Klirrfaktor kann auch als dB-Wert dargestellt werden:

$$k_{ges} = 20 \cdot \log\left(\frac{\sqrt{H2^2 + H3^2 + H4^2 + H5^2...(+U_{Noise})}}{U_{ges}} \right)$$

Neben dem Gesamt-Klirrfaktor können auch Einzel-Klirrfaktoren gemessen werden:

$$k_n = \frac{\sqrt{Hn^2}}{U_{ges}} \cdot 100\%$$

Auch das kann in dB dargestellt werden:

$$k_n = 20 \cdot \log\left(\frac{\sqrt{Hn^2}}{U_{ges}} \right)$$

Klirrfaktoren sind – wie wir eingangs gesehen haben – stark pegelabhängig. Es ist jedoch nicht so, dass der Klirrfaktor grundsätzlich mit dem Pegel ansteigt. Bei stark gegengekoppelten Halbleiterverstärkern (also dem, was man üblicherweise verwendet) sinkt der Klirrfaktor mit zunehmendem Pegel stetig, bis er dann beim Erreichen der Clipping-Grenze massiv ansteigt.

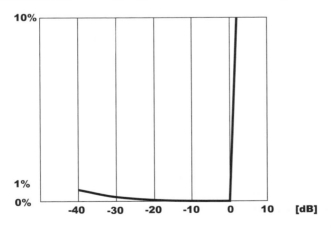

Bild 5.8:
Klirrfaktorverlauf
über dem Pegel

Dass der Klirrfaktor bei kleineren Pegeln wieder ansteigt (wenn auch auf nur sehr mäßige Werte) hat insgesamt drei Ursachen:

- Die Übernahme-Verzerrungen bekommt man auch mit einer Klasse-A-Schaltung nie ganz vollständig weg. Je kleiner der Pegel, desto mehr fallen diese ins Gewicht.

- Bei einem Gesamtklirrfaktor geht meist das breitbandige Rauschen in den Messwert ein – auch dieses ist bei kleinen Pegeln relativ stärker.

- Auch das Eigenrauschen und der Eigenklirrfaktor des Messgeräts spielt zunehmend eine Rolle.

Die Pegelabhängigkeit des Klirrfaktors ist bei stark gegengekoppelten Verstärkern jedoch vergleichsweise langweilig: Erst geht er leicht zurück, beim Erreichen der Clipping-Grenze steigt er dann massiv an. Es gibt jedoch auch andere Messobjekte, beispielsweise Lautsprecher, Übertrager oder Röhrenverstärker, bei denen die Pegelabhängigkeit deutlich anders verläuft.

Der Klirrfaktor ist auch frequenzabhängig. Dieses Verhalten kann einigermaßen stetig sein – bei tiefen Frequenzen kommen beispielsweise Übertrager früher in die Sättigung – es ist aber auch ein Verlauf mit wenig erkennbaren Gesetzmäßigkeiten möglich, wie man es beispielsweise von Lautsprechern her kennt.

Ein Klirrfaktorwert ist allenfalls dann aussagekräftig, wenn die Frequenz und der Pegel genannt sind. Bei Lautsprechern jedoch würden auch diese Aussagen nicht ausreichen, der Klirrfaktorverlauf müsste zumindest über die Frequenz dargestellt werden, besser noch der Verlauf der einzelnen Klirranteile.

Bei Leistungsverstärkern ist es auch nicht unüblich, dass die maximal verfügbare Leistung angegeben wird, die bei einem definierten Klirrfaktor abgegeben werden kann – also beispielsweise 720 W bei 0,1 %.

Bei diesen Betrachtungen sollte man auch nicht ganz vergessen, dass es die ungeradzahligen Klirranteile ($k3$, $k5$, $k7$...) sind, die für den typischen verzerrten Klang verantwortlich sind. Die geradzahligen Klirranteile sind hier deutlich weniger problematisch.

Klirrfaktor messen

Bild 5.9 zeigt eine analoge Klirrfaktormessbrücke, so wie sie früher bei analogen Messgeräten gebräuchlich war:

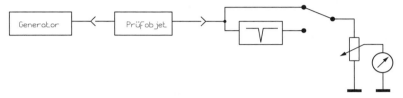

Bild 5.9:
Klirrfaktormessung

Das Prüfobjekt wird mit einem klirrfaktorarmen Sinus-Signal gespeist. Ist der Generator nicht so ganz klirrarm, dann kann ein Bandpass oder zumindest ein Tiefpass nachgeschaltet werden, so dass die Oberwellen möglichst herausgefiltert werden.

Mittels eines Umschalters wird das Anzeigeinstrument zunächst ohne Filter auf den Ausgang des Prüfobjektes gelegt und mittels eines Potentiometers auf Vollausschlag – also 100 % – abgeglichen. Dann wird der Umschalter umgelegt, so dass die Messung über ein Notch-Filter erfolgt. Dieses filtert die Grundwelle heraus, so dass lediglich noch die harmonischen und das breitbandige Rauschen gemessen werden.

Für die Genauigkeit der Messung ist es essentiell, dass die Notch-Frequenz mit der Generator-Frequenz übereinstimmt. Üblicherweise hat man den Generator oder das Notchfilter abstimmbar gemacht. Zum Abgleich wurde das Prüfobjekt durch eine Leistung ersetzt und der Filter in den Messzweig geschaltet. Nun wurde der Generator beziehungsweise das Notchfilter auf minimalen Zeigerausschlag abgeglichen.

Mit der Schaltung nach Bild 5.9 kann man Klirrfaktoren von vielleicht 5 % und mehr halbwegs genau bestimmen – das sollte doch ein wenig empfindlicher sein. Man kann dies durch umschaltbare Messbereiche erreichen.

Sollen einzelne Harmonische bestimmt werden, dann wird das Notch-Filer durch einen hochselektiven Bandpass ersetzt, der nur die Frequenz der betreffenden Harmonischen durchlässt.

143

Das in Bild 5.9 gezeigte Verfahren besticht durch seinen minimalen Aufwand: Ein halbwegs gut ausgestattetes Elektronik-Labor verfügt über einen Sinus-Generator sowie ein Millivoltmeter. Ein passendes Notch-Filter bedeutet Bauteilkosten von wenigen Euro. Von einer Eingangsspannung von 1 V ausgegangen könnte man im 1 mV-Bereich Klirrfaktoren bis 0,1% (Vollausschlag) messen, das ist ganz ordentlich.

Nachteilig ist, dass das Notch-Filter üblicherweise auf eine Frequenz festgelegt ist – üblicherweise verwendet man 1 kHz. Die Messung von mehreren Frequenzen würde mehrere Notch-Filter oder ein abstimmbares Notchfilter erfordern. Entsprechend aufwendig wird es dann, wenn die Harmonischen einzeln bestimmt werden sollen.

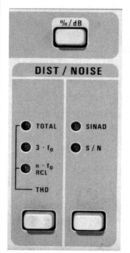

Bild 5.10:
Klirrfaktormessung
beim UPA

Deutlich einfacher geht's mit dem UPA, sofern die Optionen B6 und B8 installiert sind: Einfach auf die Taste *THD* gedrückt, und schon bekommt man den Gesamt-Klirrfaktor angezeigt.

Hätte man gerne die 6. Harmonische angezeigt, dann drückt man auf *6* und *THD*, und dann hat man auch das auf dem Display. Die Anzeige lässt sich auch von % nach dB umstellen.

Wenn die Option B8 fehlt, kann man sich auch mit der Option B2 behelfen, die einen Bandpass zur Verfügung stellt, dessen Frequenz frei einstellbar ist. Allerdings muss man dazu alle Harmonischen einzeln ausmessen und gegebenenfalls anschließen mit dem Taschenrechner addieren. Möchte man den Gesamtklirrfaktor, dann könnte man auch ein selbst gelötetes Notch-Filter an die BNC-Buchsen auf der Rückseite des Geräts anschließen.

5.2 Messung an Lautsprechern

Genaugenommen wollen wir uns hier mit fertigen Lautsprecherboxen beschäftigen. Die Kennwerte der Einzel-Chassis – insbesondere die Thiele-Small-Parameter – sollen hier nicht weiter interessieren.

5.2.1 Frequenzgang

Zu den wichtigsten Messungen in der Audiotechnik gehört die Ermittlung des Frequenzgangs. Bei elektronischen Geräten wie beispielsweise Verstärkern ist der Frequenzgang üblicherweise so linear, dass nur die untere und obere Grenzfrequenz angegeben wird. Die Angabe lautet dann beispielsweise 16 Hz...35 kHz +/- 0,5dB.

Bei Lautsprechern wird üblicherweise der Frequenzgang als Diagramm dargestellt:

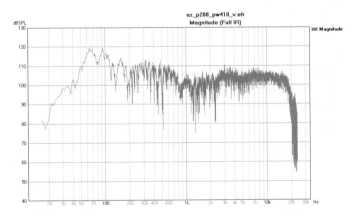

Bild 5.11:
Frequenzgang

Solche Diagramme sollten zeigen, bei welcher Frequenz die Box wie laut ist. Oft zeigen sie auch, wie ungünstig die Messbedingungen gewesen sind, das Diagramm in Bild 5.11 macht da keine Ausnahme.

145

Messverfahren

Zur Messung eines Frequenzgangs gibt es eine ganze Reihe von Verfahren:

- Früher wurden gerne mechanische Messschreiber verwendet. Grundlage dafür ist ein XY-Plotter, in dem ein Stift in zwei Dimensionen steuerbar ist, so ähnlich wie wir es vom Oszilloskop her kennen. In Richtung der Frequenzachse wird der Stift mit konstanter Geschwindigkeit bewegt, dafür ist eine linear steigende Spannung erforderlich. Diese Spannung steuert nun auch einen Frequenzgenerator, oder aber an die Vorschubeinheit ist ein Potentiometer gekoppelt, das die Frequenz des Generators bestimmt.

  Die Y-Achse wird nun vom gemessenen Pegel gesteuert. Soll die Pegelachse in dB skaliert werden, dann muss davor noch der Logarithmus des Pegels gebildet werden.

  Bei einer akustischen Messung entsteht eine Laufzeit zwischen Lautsprecher und Mikrofon, die dafür sorgen würde, dass der Frequenzgang nicht zur Frequenzskalierung passt, sondern leicht nach rechts verschoben würde. Dies kann aber mechanisch ausgeglichen werden.

  Durch die mechanische Trägheit des Stifts wird der Frequenzgang stets leicht geglättet. Nicht zuletzt aus diesem Grund werden solche Messschreiber – für die man ja auch mal viel Geld ausgegeben hat – bei vielen Boxen- und Lautsprecherherstellern noch gerne verwendet.

- Wenn kein geeignetes Messsystem zur Verfügung steht, dann kann man die Messung auch mit vielen einzelnen Sinustönen durchführen und das Diagramm anschließend manuell zeichnen. Wie man in Bild 5.11 sieht, kann der Frequenzgang einer Lautsprecherbox viele sehr schmale Einbrüche im Frequenzgang haben (hervorgerufen durch destruktive Interferenzen). Um einen solchen Frequenzgang ausreichend genau nachzubilden, müsste man sehr viele einzelne Messungen vornehmen. Ein solches Verfahren ist somit nicht besonders praktikabel.

■ Interessiert nur ein ungefähres Ergebnis, dann kann die Messung in Oktaven oder Terzen erfolgen. Für eine solche Messung wird rosa Rauschen verwendet, das gemessene Signal wird dann mittels Oktav- oder Terzbandfiltern zerlegt und dargestellt. Sogenannte Analyser arbeiten nach diesem Verfahren, Bild 5.12 zeigt ein Gerät der Firma Klark, das gerne in der Beschallungstechnik verwendet wird.

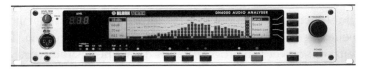

Bild 5.12:
Analyser
Klark DN 6000

Terzband-Analyser eignen sich dazu, Beschallungsanlagen mittels Terzband-Equalizer zu linearisieren (oder mit diesen Rückkopplungsfrequenzen herauszunehmen), für Aufgaben wie die Lautsprecherentwicklung hat das Verfahren jedoch eine zu geringe Auflösung.

■ Eine deutlich höhere Auflösung haben FFT-Analyser. Zu diesem Zweck wird ebenfalls rosa Rauschen verwendet, das gemessene Signal wird dann mit einer schnellen Fourier-Transformation in einen Frequenzgang umgerechnet. Dieses Verfahren lässt sich per Software realisieren und ist in den letzten 10 bis 15 Jahren richtig polulär geworden. Inzwischen kann man bereits mit Share- und Freeware-Produkten brauchbare Messungen durchführen.

Ein ähnliches Verfahren arbeitet mit sogenannten Maximallängensequenzen (*maximal length sequence*, MLS). Dieses Verfahren ist der Messung mit rosa Rauschen überlegen, die technischen Details sollen uns hier nicht interessieren.

■ Die Messung mit Gleitsinus-Signalen (sweeps) wurde zwar schon bei den mechanischen Messschreibern verwendet, sie lässt sich aber auch bei Software-Lösungen verwenden und führt dort zu sehr brauchbaren Ergebnissen. Unter Experten wird insbesondere die Messung mit einem *pink sweep* bevorzugt, weil sich daraus recht problemlos die Klirrfaktoren ermitteln lassen.

Anregungssignal

Bleiben wir noch ein klein wenig beim Thema *Anregungssignal*. Ausgehend von der Überlegung, dass softwaregestützte Systeme inzwischen ein deutlich überlegenes Preis-Leistungs-Verhältnis aufweisen, und dass diese mit den unterschiedlichsten Signalen messen können, bleibt die Frage, mit welchem Signal idealerweise gemessen wird.

Maximal flexibel ist dabei die 2-Kanal-FFT-Analyse: Hier kann ein beliebiges Signal für die Messung verwendet werden. Das System weist zwei Eingänge auf, mit dem einen Kanal wird das Messsignal gemessen, das auf den Lautsprecher gelegt wird, mit dem anderen Kanal das vom Mikrofon gemessene Signal. Von beiden Signalen wird das Frequenzspektrum gebildet.

Der Quotient der linearen Signal beziehungsweise die Differenz der logarithmischen Signale (also der dB-Werte) entspricht dann dem Frequenzgang der Lautsprechers (oder was auch immer damit gemessen wird).

Dieses Verfahren erfreut sich insbesondere in der Beschallungstechnik größerer Beliebtheit, weil irgendeine Musik zur Messung herangezogen werden kann – Rauschen oder Sweeps führen beim oft schon anwesenden Publikum nicht unbedingt zu Begeisterung. Bei größeren Abständen zwischen Lautsprecher und Mikrofon muss der Kanal, der das Lautsprechersignal misst, elektronisch verzögert werden, damit die Laufzeit zwischen Lautsprecher und Mikrofon ausgeglichen wird – diese würde sonst das Ergebnis verfälschen.

Der große Nachteil des Verfahrens ist, dass Musik ein sehr zufälliges Frequenzgemisch ist. Eine Messung ist nur dann zuverlässig, wenn das Anregungssignal deutlich über dem Rauschen liegt. Diese Forderung ist immer für einige Frequenzen gegeben, für andere hingegen nicht. Bei einer mit Musik durchgeführten 2-Kanal-FFT-Analyse muss somit über recht lange Zeiträume gemittelt werden. Für eine Überprüfung der Anlage während eines Konzerts ist das nicht weiter tragisch, bei der Lautsprecherentwicklung sollte man dann lieber statistisch gleichverteilte Signale (beispielsweise Rauschen) verwenden.

Ein weiterer Nachteil der zweikanaligen FFT-Analyse ist das Problem, dass man nicht mehr zwischen Grundwelle und Klirrfaktoren trennen kann. Ein starker Peak bei beispielsweise 3 kHz muss nicht einer entsprechenden Frequenzgangüberhöhung bei dieser Frequenz geschuldet sein, es wäre ebensogut möglich, dass hier die dritte Harmonische von 1 kHz zu sehen ist. Eine Absenkung bei 3 kHz wäre in diesem Fall die falsche Maßnahme. Vielmehr müsste man dafür sorgen, dass es bei 1 kHz weniger klirrt. Diese Entscheidung kann man aber erst dann treffen, wenn man weiß, was hier vorliegt.

Der langen Rede kurzer Sinn: Die 2-Kanal-FFT-Analyse hat natürlich ihre Berechtigung. Sie hat aber auch einige Nachteile. Wo es möglich ist, sollte man deshalb eine Messung mit einem klar definierten Anregungssignal machen.

Doch wie sollte ein solches Anregungssignal aussehen? Ganz spontan würde man sagen: linealglatter Frequenzgang und linealglatter Phasengang. Dieses Signal würde aussehen wie in Bild 5.13:

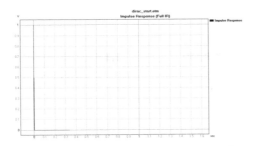

Bild 5.13:
Dirac-Impuls

Wir haben hier einen minimal schmalen Impuls, einen sogenannten Dirac (benannt nach dem britischen Physiker Paul Dirac). Ein solcher Impuls taugt nur in der Theorie als Anregungssignal. In der Praxis lassen sich keine beliebig großen Impulse verwenden (wir wollen den Lautsprecher ja messen und nicht zerstören). Reduziert man den Pegel jedoch entsprechend, dann bekommt man schnell Probleme mit dem Störspannungsabstand. Bei raumakustischen Messungen hat man früher gerne eine Impulsantwort gemessen, den Impuls jedoch mit einer Pistole oder ähnlichem erzeugt.

Inzwischen verwendet man gerne andere Anregungssignale und rechnet dann das Ergebnis in eine Impulsantwort um. So sind wir wieder bei der Frage, welche anderen Anregungssignale dafür geeignet sind. Das lineare Frequenzverhalten schein nach wie vor erstrebenswert, somit lässt sich nur über den Phasengang etwas ändern.

Wenn wir für die Phase keinen konstanten Wert nehmen, sondern eine lineare Funktion, also eine stetig zunehmende Phase bei zunehmender Frequenz, dann erhalten wir einen Gleitsinus, also einen sogenannten sweep. Bei einem zufälligen Phasenverhalten erhalten wir Rauschen.

Beides hätte sogenannte weiße Frequenzverteilung: Die Energie ist über den linearen Frequenzgang gleichverteilt.

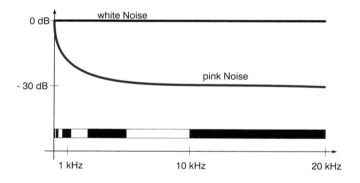

Bild 5.14:
Weißes und rosa
Rauschen auf der
linearen
Frequenzachse

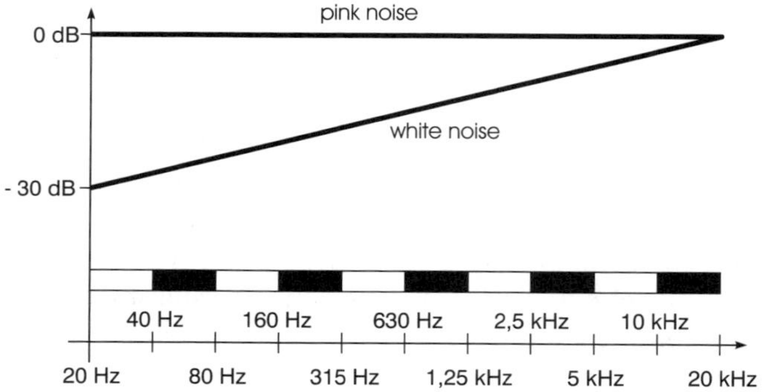

Bild 5.15:
Weißes und rosa
Rauschen auf der
logarithmischen
Frequenzachse

Würden wir den Bereich von 20 Hz bis 20 kHz betrachten, dann wäre die Hälfte der Energie im Bereich von 20 Hz bis 10,01 kHz und die andere Hälfte im Bereich zwischen 10,01 kHz und 20 kHz. Abgesehen davon, dass dies vom Gehör nicht als gleichverteiltes Signal empfunden würde: Bei einer gängigen Trennfrequenz zwischen Basslautsprecher und Hochtöner (etwa 1 kHz) würde man etwa 95 % der Energie auf den ohnehin schon weniger belastbaren Hochtöner geben. Dementsprechend müsste der Gesamtpegel reduziert werden, und damit sinkt wieder der Störspannungsabstand.

Geeigneter ist die sogenannte rosa Frequenzverteilung, bei der die Energie in allen Oktavbändern gleich ist. Das Oktavband 20 Hz bis 40 Hz erhält somit dieselbe Energie wie das Oktavband 10 kHz bis 20 kHz.

Fenstern und Glätten

Betrachten wir noch einmal den Frequenzgang in Bild 5.11. Wir erkennen eine ganze Reihe von sehr schmalen Einbrüchen, die destruktiven Interferenzen geschuldet sind. Solche Interferenzen entstehen, wenn sich zwei Signale gleicher Frequenz überlagern, deren Phasenlage nicht identisch ist.

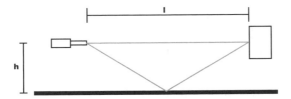

Bild 5.16:
Bodenreflexion

Bild 5.16 zeigt, wie es zu einer solchen Überlagerung kommen kann: Der Schall zwischen Box (rechts) und Messmikrofon (links) läuft auf direktem Weg, aber auch über eine Reflexion am Boden. Die Laufzeit des Signals über die Reflexion am Boden ist länger, von daher treffen die beiden Anteile mit unterschiedlicher Phasenlage am Messmikrofon ein.

Für die Phasenlage der Signale gilt:

$$\varphi = \frac{d \cdot f}{c} \cdot 360°$$

151

Beim Direktschall beträgt die Distanz d gleich l, bei Reflexionsschall beträgt sie

$$d = \sqrt{l^2 + h^2}$$

Für eine Auslöschung muss die Phasenlage 180° oder ein ungeradzahliges Vielfaches davon betragen.

Erfahrene Messtechniker legen ihr Messmikrofon gerne auf den Boden und minimieren dadurch den Einfluss der Bodenreflexionen – der Boden ist jedoch nicht die einzige reflektierende Raumbegrenzungsfläche.

Nach Möglichkeit sollten solche Messungen in reflexionsarmen Räumen durchgeführt werden. Solche Räume dürfen aber nicht zu klein sein, weil mit sinkender Raumgröße die untere Grenzfrequenz steigt, und sie müssen mit reflexionsarmen Materialien an allen Raumbegrenzungsflächen belegt sein, was gerade bei großen Räumen recht teuer ist.

Auch die Möglichkeit einer Messung unter freien Himmel ist nicht völlig unproblematisch. Abgesehen von Witterungs- und Fremdgeräuscheinflüssen besteht auch hier das Problem von Reflexionen (am nächsten Gebäude, aber beispielsweise auch an einem Waldrand). Zudem ist die Toleranz der Nachbarschaft bezüglich der verwendeten Messsignale auch manchmal „etwas limitiert“. Man benötigt also Mittel und Wege, aus einer Messung, die unter weniger optimalen Bedingungen vorgenommen wurde, brauchbare Ergebnisse zu erhalten.

Erste Möglichkeit ist das „Fenstern“. Dazu wird das Messergebnis in eine Impulsantwort umgewandelt, Reflexionen ausgefenstert und erst anschließend der Frequenzgang ermittelt.

So, und nun noch mal langsam und verständlich. Das Messergebnis wird in eine Impulsantwort umgewandelt. Wie das geschieht, darüber sollen sich mal die Hersteller von solchen Messsystemen den Kopf zerbrechen. Hier soll nur die Frage interessieren, was eine Impulsantwort überhaupt ist. In Bild 5.13 sehen wie einen sogenannten Dirac-Impuls – einen minimal schmalen Impuls. Dieser ist die Signalform eines linearen Frequenz- und Phasengangs.

Wenn wir nun diesen Impuls auf ein beliebiges System geben, dann wird dieser Impuls von diesem System verändert, und was wir erhalten, ist die Impulsantwort. Da die Impulsantwort durch die Anregung mit einem neutralen Signal (nämlich dem Dirac-Impuls, lineares Frequenz- und Phasenverhalten) entsteht, ist sie vollständig von dem betreffenden Systemverhalten geprägt. Man könnte auch sagen: Die Impulsantwort ist das Systemverhalten. Allerdings mit einer kleinen Einschränkung: Solange der lineare Bereich nicht verlassen wird.

Aus der Impulsantwort können dann alle anderen Größen abgeleitet werden, also beispielsweise Frequenzgang, Phasengang, Zeitverhalten, Klirrfaktoren – irgendwo ist das auch logisch, weil die Impulsantwort ist ja das Systemverhalten.

Aber nun zurück zum Beispiel: Bild 5.17 zeigt die Impulsantwort des Frequenzgangs aus Bild 5.11.

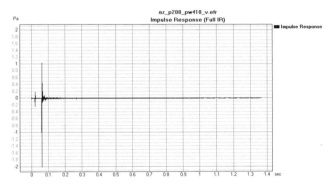

Bild 5.17:
Impulsantwort

Hier fallen nun auch dem ungeübten Betrachter einige Punkte auf:

■ Die Richtung des Impulses geht nach unten, wir haben also eine Phasendrehung im System. Das ist jedoch nicht weiter nachteilig.

■ Der Impuls ist nicht bei null, sondern bei 64 ms. Wir haben also eine Verzögerung im System. Diese ist geprägt durch die Laufzeit des Schalls zwischen Lautsprecher und Mikrofon. Die Distanz hat etwa 21,8 m betragen.

(Prinzipiell kann man das aus der Impulsverzögerung zurückrechnen. In der Praxis ist das meist nur beschränkt genau, weil man dafür die Schallgeschwindigkeit benötigt, und diese ist temperaturabhängig.)

■ Vor dem eigentlichen Impuls ist ein weiterer, kleiner Impuls zu sehen. Das hat nun überhaupt nichts mit Raumreflexionen zu tun, sondern ist durch den Klirrfaktor, genauer gesagt die zweite Harmonische verursacht. Das wollen wir uns später noch genauer ansehen.

Für die folgenden Bearbeitungsschritte ziehen wir uns eine Kopie, damit wir das Ergebnis mit dem unbearbeiteten Messergebnis vergleichen können. Anschließend verschieben wir den Impuls auf den Nullpunkt. Solche Verschiebungen sind zyklische Verschiebungen, unser kleiner Impuls ist nun ganz am Ende zu finden.

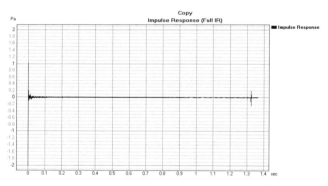

Bild 5.18:
Impuls nach zyklischer
Verschiebung

Nun kommt die Sache mit dem Fenster. Ein Fenster können wir uns in etwa vorstellen wie einen Tiefpass, jedoch nicht im Frequenz- sondern im Zeitbereich. Im Frequenzbereich lässt ein Tiefpass die tiefen Frequenzen durch, und die hohen werden gedämpft. Mit dem Fenster, das wir nun setzen wollen, werden die frühen Signalanteile durchgelassen und die späten entfernt. (Fenster können auf der Zeitachse beliebig gesetzt werden. Es können auch die frühen Signalanteile entfernt werden, es können auch beliebige Ausschnitte in der Mitte betrachtet werden.)

Bei einer Messentfernung von etwa 21,8 m und einer Höhe von vielleicht 1,5 m wäre die erste Reflexion um etwa 5 cm verzögert, das entspräche etwa 0,147 ms. Die Impulsantwort mal näher betrachtet kommt man schnell zu der Erkenntnis, das man dieser erste Reflexion gar nicht (sinnvoll) ausfenstern kann, weil der Impuls bereits deutlich mehr aufgeweitet ist. Zoomen wir mal stark rein in die Impulsantwort:

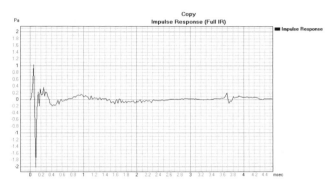

Bild 5.19:
Vergrößerte
Impulsantwort

Bei 3,7 ms haben wir das erste mal etwas, was man als deutliche Reflexion erkennen kann. Setzen wir also mal die Marker auf 2,8 ms und 3,4 ms und wählen die Fenster-Funktion:

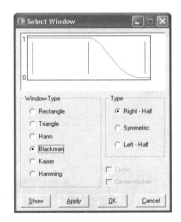

Bild 5.20:
Wählen eines
Fensters

Dass wir den Typ *Right-Half* benötigen, wird spätestens beim Betrachten des kleinen Diagramms klar. Was hat es nun mit der Auswahl *Window-Type* auf sich?

155

Beginnen wir die Überlegung beim Typ *Rectangle*: Hier wird nun kein weicher Übergang erzeugt, sondern das Signal an der Position des rechten Markers abgehackt. Ein solcher Übergang erzeugt nun scharfe Signalflanken, damit entstehen Oberwellen, die das eigentliche Signal überlagern. Das können wir nicht gebrauchen.

Mit *Triangle* würde man einen linearen Übergang schaffen, was schon besser ist, aber noch längst nicht optimal. Um bessere Ergebnisse zu erzielen, haben sich namhafte Mathematiker ihre klugen Köpfe zerbrochen und Fenster-Verläufe erdacht, die dann jeweils nach ihrem Urheber benannt sind. Mit dem hier voreingestellten *Blackman*-Fenster sollten wir hier ganz brauchbare Ergebnisse erzielen können.

Die Impulsantwort sieht jetzt wie folgt aus:

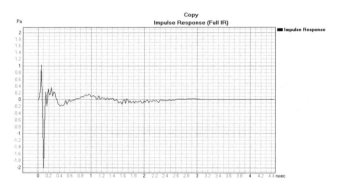

Bild 5.21: Gefensterte Impulsantwort

Und der Frequenzgang:

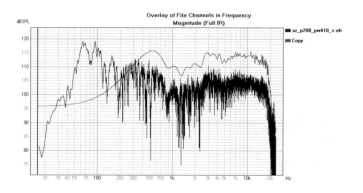

Bild 5.22: Frequenzgang gefenstert und ungefenstert

156

Der Frequenzgang der gefensterten Impulsantwort (*Copy*) wurde um 10 dB nach oben verschoben – der Vorgang des Fensterns führt nicht zu höheren Pegeln, sondern zu geringeren, da Signalanteile entfernt werden. Ohne eine solche Verschiebung wären aber im Schwarz-Weiß-Druck nicht beide Kurven gleichzeitig darstellbar gewesen.

Wie wir deutlich sehen, weist die gefensterte Kurve deutlich weniger Einbrüche durch destruktive Interferenzen auf, sie wird deutlich glatter. Außerdem geht unterhalb von 500 Hz der Pegel deutlich zurück, was auch nicht weiter verwundert: Wie sollte auch mit einer rund 3 ms langen Impulsantwort eine Frequenz von beispielsweise 100 Hz (Periodendauer 10 ms) dargestellt werden?

Die andere Möglichkeit, zu einem glatten Freqeunzgang zu kommen, ist die Glättung.

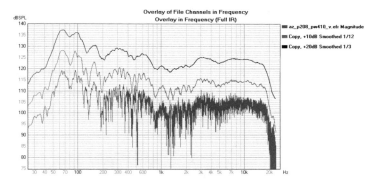

Bild 5.23: Unterschiedlich geglättete Frequenzgänge

Bild 5.23 zeigt denselben Frequenzgang (der ungefensterten Impulsantwort) mit unterschiedlichen Glättungen, wobei die auf 1/12 Oktave geglättete Kurve um 10 dB nach oben verschoben wurde und die auf Terzbreite (1/3 Oktave) geglättete Kurve um 20 dB nach oben verschoben wurde.

Wie deutlich zu sehen ist, verlieren sich mit zunehmender Glättung auch die Details. Bei der Beurteilung eines Frequenzgangs sollte man somit zunächst erfragen, wie stark dieser geglättet wurde.

157

5.2.2 EASERA

Es ist nun an der Zeit, dass ich Ihnen das Programm vorstelle, mit denen ich diese ganzen Diagramme erstellt habe. EASERA steht für *Electronic & Acoustic System Evaluation & Response Analysis*. Es kommt aus dem Hause SDA (Software Design Ahnert), wo man sich bereits mit der Audio-Simulationssoftware EASE einen weltweit erstklassigen Ruf erarbeitet hat.

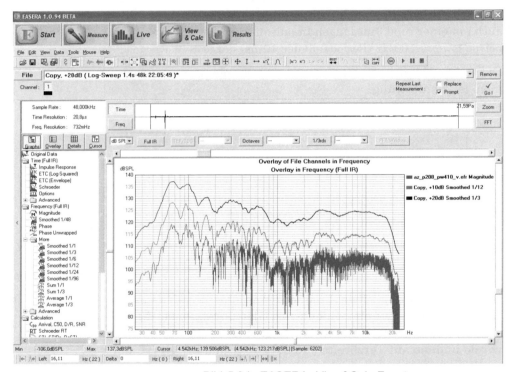

Bild 5.24: EASERA, View&Calc-Fenster

Bild 5.24 zeigt das *View&Calc*-Fenster. Hier können aus einer Impulsantwort beliebige Kurven abgeleitet werden, beispielsweise Frequenzgang, Phasengang, ETC, Schröder-Diagramm, Sprungantwort, Echogramm, Sprachverständlichkeitswerte, Klirrfaktor und viele andere mehr.

Dabei können unterschiedliche Funktionen, aber auch verschiedene Messungen im selben Diagramm vereint werden. Die Diagramme können mit der ganzen Impulsantwort, aber auch mit daraus gefilterten oder gefensterten Teilen erstellt werden. Darüber hinaus sind umfangreiche Berechnungsfunktionen implementiert: Beliebige Teile aus Impulsantworten oder Frequenzgängen können mathematisch bearbeitet werden, verschiedene Kurven können addiert, subtrahiert, gemittelt, dividiert oder multipliziert werden.

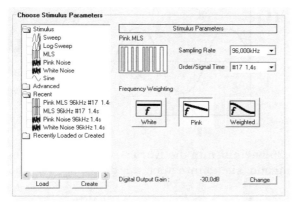

Bild 5.25:
Anregungssignale

Je nach Version unterstützt EASERA bis zu 32 Eingangskanäle. Den Expertenstreit um das geeignetste Anregungssignal umgeht man pragmatisch und bietet einfach alles an, so auch MLS und pink sweep.

Zur kurzen Vorstellung soll das genügen (ich bin ja nicht am Umsatz beteiligt...), mehr Informationen unter www.easera.de.

5.2.3 Phasengang

Bevor wir uns ansehen, wie ein Phasengang ermittelt wird, sollten wir erst mal klären, was man überhaupt unter einer Phase versteht.

Die Formel für den Momentanwert einer Sinusschwingung lautet zunächst einmal:

$$U(t) = U_{peak} \cdot \sin(\omega \cdot t) = U_{peak} \cdot \sin\left(\frac{2 \cdot \pi}{T} \cdot t\right)$$

U_{peak} ist dabei die Spitzenspannung, ω die Kreisfrequenz, t die Zeit.

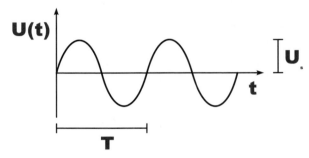

Bild 5.26:
Sinuskurve

In Bild 5.26 beginnt nun die Kurve exakt im Ursprung. Das ist nicht zwingend, sie könnte auch um die Zeit t_0 verschoben sein:

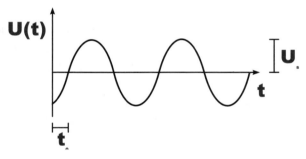

Bild 5.27:
Verschobene
Sinuskurve

Die Formel dafür würde lauten:

$$U(t) = U_{peak} \cdot \sin(\omega \cdot (t + t_0)) = U_{peak} \cdot \sin\left(\frac{2 \cdot \pi}{T} \cdot (t + t_0)\right)$$

Was ist nun die Folge einer solchen Zeitverschiebung?

■ Solange es sich nur um einen einzelnen Ton handelt, ist das völlig unerheblich.

■ Überlagern sich zwei Töne gleicher Frequenz, von denen der eine zeitverschoben ist und der andere nicht, dann entstehen sogenannte Interferenzen.

Beträgt die Verschiebung der Periodendauer T oder einem ganzzahligen Vielfachen davon, dann entsteht eine sogenannte konstruktive Interferenz, das Ergebnis entspricht der Summe der beiden Töne.

Beträgt die Verschiebung der halben Periodendauer oder einem ungeradzahligen Vielfachen davon (1,5 T, 2,5 T, 3,5 T...), dann entsteht eine destruktive Interferenz, die Signale löschen sich mehr oder weniger vollständig gegenseitig aus, das Ergebnis entspricht der Differenz der beiden Töne.

■ Bei einer Überlagerung von Tönen unterschiedlicher Frequenz hat die Phase Einfluss auf die Signalform.

Wie bei den Interferenzen dargelegt, ist weniger die absolute Zeit relevant als vielmehr deren Verhältnis zur Periodendauer. Dieses Verhältnis wird als Phasenwinkel beschrieben:

$$\varphi = \frac{t_0}{T} \cdot 360°$$

Somit können die Gesetzmäßigkeiten aus der geometrischen Addition (oder vektoriellen Addition, „Zeiger-Addition") herangezogen werden.

Eine Phasenlage kann als absoluter Phasenwinkel dargestellt werden, so wie sie nach eben genannter Formel berechnet wird. Für die vektorielle Addition ist jedoch nur der effektive Phasenwinkel relevant, also der Anteil zwischen 0° und 360°. Dieser wird wie folgt berechnet:

$$\varphi = \frac{t_0}{T} \cdot 360° - (n \cdot 360°)$$

Bei Lautsprechern ist üblicherweise der Phasenwinkel nicht konstant und wird deshalb als Verlauf über die Frequenz dargestellt – neben einem Frequenzgang gibt es auch noch einen Phasengang.

Phasengang darstellen

Wenn wir den effektiven Phasengang aus der unbearbeiteten Impulsantwort (Bild 5.17) betrachten, dann kommen wir zu dem folgenden Ergebnis:

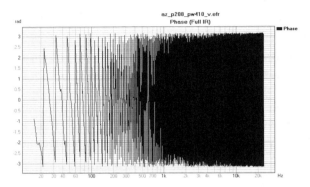

Bild 5.28:
Unbrauchbare
Darstellung des
Phasenverlaufs

Das Ergebnis wird hier in Radiant skaliert, 360° entsprechen etwa 3,14. Da hier sehr wenig zu erkennen ist, betrachten wir das mal als absoluten Phasengang:

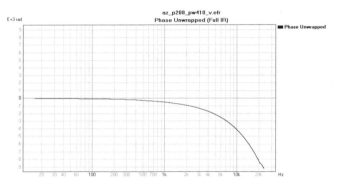

Bild 5.29:
Von der Laufzeit
zwischen Mikrofon
und Lautsprecher
geprägter
Phasengang

Warum hier – im Gegensatz zum Frequenzgang – ein völlig stetiger Verlauf zu erkennen ist, liegt daran, dass wir hier keine Charakteristika der Box erkennen, sondern dass der Phasengang vollständig geprägt ist von der Laufzeitphase zwischen Lautsprecher und Mikrofon.

Damit aus einem Phasengang relevante Ergebnisse herausgelesen werden können, muss zunächst einmal die Impulsspitze der

Impulsantwort per zyklischer Verschiebung auf die Null-Position gerückt werden. Die Phase reicht dann nicht mehr bis etwa -9000, sondern nur noch bis etwa -100 (um dann außerhalb des eigentlichen Messbereichs steil anzusteigen.)

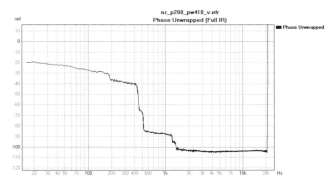

Bild 5.30:
Phasenverlauf bei Verschiebung der Impulsspitze auf die Null-Position

Setzt man jetzt noch ein Fenster, um die Verzerrungsanteile am Ende der Impulsantwort zu eliminieren, dann erhält man den folgenden Phasengang:

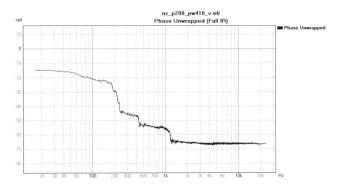

Bild 5.31:
Phasenverlauf nach Entfernung der Verzerrungsanteile

In diesem Phasengang sind nun drei Sprungstellen zu finden: Bei etwa 210 Hz, bei etwa 425 Hz sowie bei 1,16 kHz. Bei etwa 210 Hz liegt die Trennfrequenz zwischen Sub-Bässen und den Tieftönern, bei etwa 1,16 kHz die Trennfrequenz zwischen den Tief- und den Hochtönern (ohne genaue Kenntnis der Filtercharakteristik sowie gegebenenfalls vorgenommener Zeit- oder Phaseneinstellung kann die Frequenz aus dem Diagramm nur ungefähr bestimmt werden).

5.2.4 Klirrfaktorverlauf

Was ein Klirrfaktor ist, haben wir bereits in 5.1.4 besprochen. Schon bei elektronischen Geräten sind die Klirrfaktoren stark pegel- und frequenzabhängig. Bei Lautsprechern ist der Zusammenhang darüber hinaus völlig unstetig, so dass der Verlauf der Klirrfaktoren zumindest über die Frequenz dargestellt werden muss.

Damit aus der Impulsantwort die Klirrfaktoren ermittelt werden können, muss diese über einen logarithmischen Gleitsinus, einen *pink sweep* ermittelt worden sein, der von den tiefen zu den hohen Frequenzen geht.

Bei einem solchen Sweep werden die tiefen Frequenzen zuerst und die höheren Frequenzen zunehmender später als Anregungssignal ausgesendet. Wird das Messergebnis dann in eine Impulsantwort umgerechnet, dann werden die einzelnen Signalanteile nach links verschoben, und zwar umso stärker, je höher die Frequenz ist – auf diese Weise wird die Zeitverzögerung höherer Frequenzen wieder ausgeglichen und die Signaleanteile der unterschiedlichen Frequenzen finden sich alle wieder an derselben Zeitstelle ein (die geprägt ist vom Abstand zwischen Lautsprecher und Mikrofon).

Wird nun beispielsweise gerade eine Frequenz von 1 kHz ausgesendet und vom Lautsprecher verzerrt, dann entsteht unter anderem die dritte Harmonische von 3 kHz. Diese wird nun um die Zeit nach links verschoben, die einer Anregungsfrequenz von 3 kHz entspricht, also stärker, als es der tatsächlichen Anregungsfrequenz von 1 kHz entspricht. Diese Signalanteile finden sich somit nicht an der Stelle des Hauptimpulses, sondern davor.

Nun führt es nicht weiter, wenn die Signalanteile aus den Klirrfaktoren irgendwo vor dem Hauptimpuls liegen. Man könnte sie zwar mittels eines Fensters eleminieren und somit auf den Gesamtklirrfaktor schließen, die Bestimmung der einzelnen Harmonischen ist damit jedoch nicht möglich.

Um diese zu bestimmen, sollten alle Signalanteile einer bestimmten Harmonischen an derselben Stelle zu finden sein, also ihrerseits wieder kleine Nebenimpulse bilden. Nun sind die Harmonischen in ihrer Frequenz nicht um einen bestimmten Betrag verschoben (also beispielsweise jeweils 700 Hz höher), sondern stehen in einem festen Frequenzverhältnis – die zweite harmonische mit doppelter Frequenz, die dritte Harmonische mit dreifacher Frequenz und so weiter.

Damit nun eine solche Frequenzvervielfachung einer bestimmten Zeit entspricht, muss sich das Anregungssignal auch pro Zeitabschnitt vervielfachen. Es muss sich also um einen logarithmischen Gleitsinus, um einen *pink sweep* handeln.

Die Impulse der einzelnen Harmonischen liegen – wie bereits erwähnt – vor dem Hauptimpuls (Reflexionseinflüsse wie beispielsweise der Nachhall liegen dahinter). Wenn nun jedoch der Hauptimpuls auf die Zeitposition 0 geschoben wird, dann handelt es sich um eine sogenannte zyklische Verschiebung: Was vorne „herausgeschoben" wird, wird hinten wieder angefügt. Somit sind die Verzerrungsanteile oft am Ende der Impulsantwort zu finden:

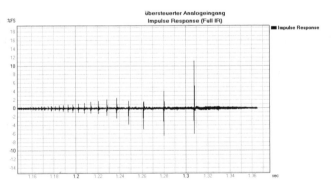

Bild 5.32:
Verzerrungsanteile
am Ende der
Impulsantwort

Bild 5.32 zeigt das Ende einer Impulsantwort eines massiv übersteuerten analogen Eingangs. Deutlich zu sehen sind die einzelnen Impulse der ungeradzahligen Harmonischen (H3, H5, H7...). Da das Clipping symmetrisch auftritt, sind die geradzahligen Harmonischen fast nicht zu erkennen. Wie deutlich zu erkennen ist, kommen die Impulse in regelmäßigen, aber kürzer werdenden Abständen und werden kleiner.

EASERA stellt die Verzerrungsanteile wahlweise als Harmonische oder als Klirrfaktor dar.

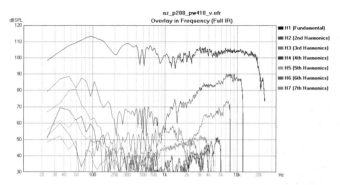

Bild 5.33:
Frequenzgang der
Harmonischen

Bild 5.33 zeigt den Frequenzgang der einzelnen Harmonischen inklusive der Grundwelle H1. (Alternativ wäre es möglich gewesen, die Harmonischen ab H2 an aufwärts relativ zu H1 darzustellen.)

Im Schwarz-Weiß-Druck ist das leider nicht so klar zu erkennen, aber der stärkste Pegel der einzelnen Verzerrungen steuert die 2. Harmonische bei. Ursache dafür ist vor allem, dass die Lautsprecher beim Hub nach vorne andere Druckverhältnisse vorfinden als beim Hub zurück – dies ist insbesondere ein Problem von Hornlautsprechern. Die zweite Harmonische bildet die Oktave zur Grundwelle, eine solche Klangveränderung hört sich gefällig an, deshalb ist die H2 eine vergleichsweise unproblematische Verzerrung – im Gegensatz zu H3, die den typischen Übersteuerungsklang erzeugt.

Von daher ist gerade bei Lautsprechern die alleinige Betrachtung des Gesamtklirrfaktors wenig zielführend – ein von der dritten Harmonischen geprägter Klang hört sich bei gleichem Klirrfaktor deutlich schlechter an ein Klang, der von der zweiten Harmonischen dominiert ist.

Aus Bild 5.33 können wir bereits den Verlauf des Gesamtklirrfaktors erahnen, was dann auch Bild 5.34 bestätigt: Wir haben sehr ordentliche Klirrfaktoren zwischen 200 Hz und 1 kHz. An zwei Stellen in diesem Frequenzbereich haben wir schmale

Peaks. Das liegt aber nicht daran, dass dort vermehrt Verzerrungen auftreten, sondern dass an dieser Stelle zwei schmale Einbrüche im Frequenzgang zu finden sind. Gleiche Verzerrungspegel bezogen auf weniger Grundwelle führt nun mal zu einem Anstieg des Klirrfaktors.

Unter 100 Hz nimmt der Klirrfaktor deutlich zu. Ein Blick in den Frequenzgang zeigt, dass an dieser Stelle der Pegel deutlich ansteigt – ein höherer Pegel führt bei Lautsprechern fast immer zu höheren Klirrfaktoren. Man sollte auch berücksichtigen, dass hier die geradzahligen Verzerrungsprodukte überwiegen.

Auch ab 2 kHz steigen die Verzerrungen wieder an, was bei Kompressionstreiber auch nicht besonders ungewöhnlich ist. Bei 12 kHz endet der Verlauf abrupt: Bei einer Sampling-Frequenz von 48 kHz beträgt die höchste per FFT-Analyse ermittelbare Frequenz 24 kHz, das wäre die zweite Harmonische von 12 kHz. Die dritte Harmonische wäre nur bis zu 8 kHz beteiligt, die vierte bis zu 6 kHz und so weiter.

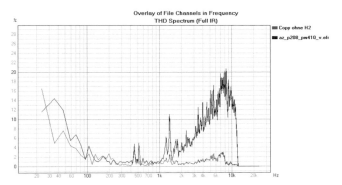

Bild 5.34:
Klirrfaktor über
die Frequenz

Die vielfältigen Bearbeitungsmöglichkeiten von EASERA erlauben eine Abschätzung bei der Frage, wie wohl der Klirrfaktorverlauf aussehen würde, wäre er nicht massiv von k2 geprägt. Der Impuls der zweiten Harmonischen lässt sich ja in der Impulsantwort finden und gezielt ausblenden. Das Ergebnis zeigt die zweite Kurve in Bild 5.34. (Das gezielte Eliminieren des Peaks hat natürlich nur Einfluss auf den Hochtonbereich, für eine Auswirkung im Bassbereich müsste schon sehr breit eingegriffen werden, was dann auch H3 beeinflussen würde.)

167

5.2.5 Wasserfalldiagramm

Ein Lautsprecher hat stets auch ein Zeitverhalten: Er benötigt Zeit, um einzuschwingen, insbesondere benötigt er aber Zeit, um auszuschwingen. Theoretisch könnte man dieses Ausschwingverhalten in der Impulsantwort betrachten. Allerdings liegt der Impulsantwort ein „weißes" Signal zugrunde – die Hälfte der Energie steckt in der obersten Oktave, und bei sehr hohen Frequenzen ist das Ausschwingverhalten fast immer vorbildlich.

Wenn das Ausschwingverhalten frequenzabhängig ist, dann liegt die Idee nahe, es auch in Abhängigkeit der Frequenz darzustellen. Somit haben wir plötzlich Dimensionen: Frequenz, Zeit und Pegel, die in einem gemeinsamen Diagramm darzustellen sind.

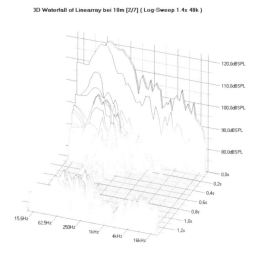

Bild 5.35:
Wasserfalldiagramm

Bild 5.35 zeigt eine solche dreidimensionale Darstellung. Da solche Digramme oft eine gewissen Ähnlichkeit mit einem Wasserfall haben, werden sie auch so bezeichnet. Wasserfalldiagramme sehen spektakulär und „wichtig" aus, aber man benötigt eine Menge Erfahrung, um aus ihnen zuverlässig relevante Informationen herauslesen zu können.

Wird ein Wasserfalldiagramm von einem Lautsprecher erstellt, dann sollte der Pegel mit der Zeit fallen – bei den einen Frequenzen schneller, bei den anderen langsamer, aber er sollte stets abnehmen. In Bild 5.35 ist dies nicht so: Ab etwa 1,2 s steigt der Pegel wieder an. In der Raumakustik könnte ein wieder ansteigender Pegel einer Raumreflexion geschuldet sein. Wenn wir die Zeit von 1,2 s in eine Wegstrecke zurückrechnen, dann liegen wir bei etwa 400 m, die Entfernung zur Box wäre dann rund die Hälfte. Da sind wir wohl auf dem Holzweg.

Denken wir lieber noch einmal darüber nach, was in 5.2.4 über die Messung mit Sweeps geschrieben wurde: Die Verzerrungsanteile erscheinen vor dem Hauptimpuls und sammeln sich durch die zyklische Verschiebung am Ende der Impulsantwort an. Durch ein Fenster können wir die Verzerrungsanteile jedoch ausblenden. Bei dieser Gelegenheit wurde auch das Eintreffen des Hauptimpulses zeitlich auf Null geschoben.

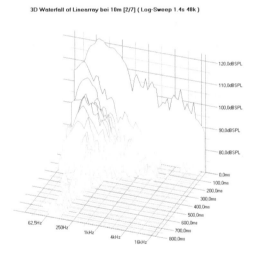

Bild 5.36:
Wasserfalldiagramm
ohne
Verzerrungsanteile

Wie wir sehen, ist das Impulsverhalten ganz passabel, lediglich die Sub-Bässe schwingen recht lange nach. Dabei handelt es sich um Tieftöner, die nach dem Bandpassprinzip arbeiten, also um eine Resonator-Lösung. Solche Resonatoren haben einen erhöhten Wirkungsgrad, jedoch zu Lasten der Impulstreue, wie man hier deutlich sehen kann.

5.3 Messung der Raumakustik

Die Messung der Raumakustik gibt es in zwei Varianten:

- Kombination des Raums mit einer darin enthaltenen Beschallungsanlage. Dabei wird diese Beschallungsanlage als Teil des Messobjektes betrachtet, ihr Einfluss muss und darf nicht eliminiert werden.

- Die Raumakustik bezogen auf eine natürliche Schallquelle, beispielsweise auf eine menschliche Stimme oder ein klassisches Orchester. Der dafür verwendete Lautsprecher soll möglichst keinen Einfluss auf die Messung haben. Moderne Messsysteme bieten die Möglichkeit, mittels Referenzdateien den Frequenzgang des Lautsprechers zu kompensieren. Oft ist das jedoch gar nicht nötig, solange der Lautsprecher zumindest halbwegs linear ist, da ohnehin keine frequenzabhängigen Auswertungen vorgenommen werden.

5.3.1 Zeitverhalten

Wird Schall in einen Raum eingebracht, dann breitet dieser sich aus, trifft auf reflektierende Flächen (Wände, Boden, Decke, Einrichtung), wird von dort zurückgeworfen, gelangt zur nächsten reflektierenden Fläche und so weiter.

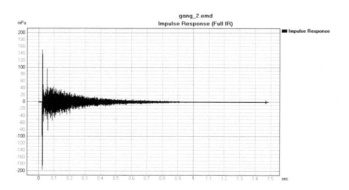

Bild 5.37:
Impulsantwort
eines Raumes

Da die Flächen den Schall nie vollständig reflektieren, wird das Signal laufend schwächer. Das Ergebnis ist der Raumhall.

Bild 5.37 zeigt die Impulsantwort eines Raumes. Wir sehen hier deutlich den Hauptimpuls, eine deutliche Reflexion, ein ausklingendes Nachhallfeld sowie am Ende der Impulsantwort den Peak der zweiten Harmonischen.

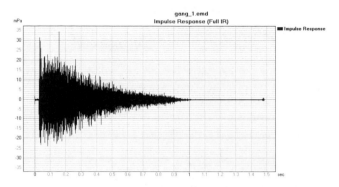

Bild 5.38:
Impulsantwort bei
einer Messung
ohne direkte
Sichtverbindung
zwischen Quelle
und Empfänger

Bild 5.37 zeigt einen Hauptimpuls, der das Nachhallfeld deutlich überragt. Dies ist ein Zeichen dafür, dass eine direkte Sichtverbindung (somit auch eine direkte Schallverbindung) zwischen Quelle (Lautsprecher) und Empfänger (Mikrofon) vorhanden ist. Ist dies nicht der Fall, dann wird das Ergebnis eher wie in Bild 5.38 aussehen, dann können einzelne Reflexionen auch stärker als der Hauptimpuls sein.

ETC

Man könnte sich nun die Mühe machen, in der Impulsantwort die einzelnen Impuls auszumessen. Da bei Reflexionen jedoch nicht nur der Zeitpunkt, sondern auch die Pegeldifferenz zum Hauptimpuls interessiert, ist die linear skalierte Y-Achse der Impulsantwort nicht optimal.

Für die Beurteilung einzelner Reflexionen verwendet man lieber das ETC. ETC ist dabei die Abkürzung für *energy-time-curve*. Hier haben wir dann eine logarithmische Skalierung der Y-Achse, also eine dB-Skalierung.

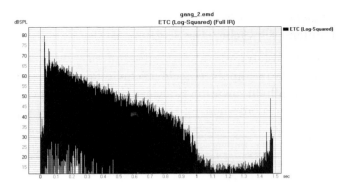

Bild 5.39:
ETC

Zur Beurteilung der ersten Reflexionen muss man üblicherweise stark in den Anfangsbereich hineinzommen:

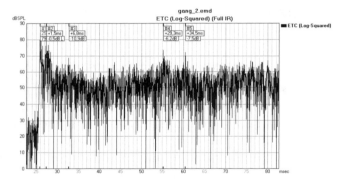

Bild 5.40:
ETC stark
gezoomt

Bessere Messsysteme erlauben es, Marker zu setzen, mit denen die absoluten Werte, aber auch die Zeit- und Pegel-Werte relativ zum Hauptimpuls dargestellt werden können. Aus einer Zeit von beispielsweise 1,5 ms kann man mittels einer Multiplikation mit der Schallgeschwindigkeit einen Abstand 51 cm berechnen. Das kann eine Laufzeitdifferenz von zwei verschiedenen Lautsprechern her sein, hier im Beispiel ist die Ursache eine schallharte Fläche längs der Ausbreitungsrichtung.

Der Versuchung, aus dem ETC die Nachhallzeit ablesen zu wollen, sollte man nicht nachgeben. Die Nachhallzeit ist zwar als Zeit definiert, in der das statistische Reflexionsfeld um 60 dB abgeklungen ist – bei einem Hauptimpuls von 80 dB wäre das ein Pegel von 20 dB. Allerdings befindet man sich damit meist in einem Bereich, in dem das Abklingverhalten nicht mehr linear und oft bereits von Rauschen und Nebengeräuschen überlagert ist. Zur Ermittlung der Nachhallzeit verwendet man das Schröder-Diagramm.

Schröder-Diagramm

Im Schröder-Diagramm – meist englisch Schröder-Plot genannt – wird die Energie in der Impulsantwort von hinten nach vorne aufsummiert. Um Verfälschungen auszuschließen, sollten dabei Rauschen und Fremdgeräusche kompensiert werden.

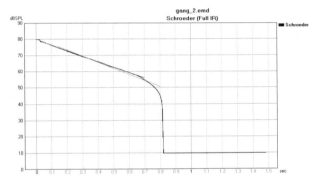

Bild 5.41:
Schröder-Diagramm

Da der Verlauf bei den höheren Pegeln deutlich zuverlässiger ist als bei den niederen, ermittelt man nun nicht den Zeitpunkt für den Abfall von 60 dB, sondern extrapoliert eine Regressionsgerade auf einen solchen Abfall. Für die early decay time (EDT) wird dafür der Pegelabfall von 10 dB unter den Hauptimpuls verwendet, für T10/T20/T30 der Abfall von -5 dB (relativ zum Hauptimpuls) auf -15 dB/-25 dB/-35 dB. Diese vier Werte unterscheiden sich nun, deshalb sollte man nicht von „der Nachhallzeit" sprechen, sondern – beispielsweise – von T20.

Dabei handelt es sich um eine breitbandige Nachhallzeit. Nun ist jedoch die Nachhallzeit sehr frequenzabhängig: Fast alle Materialien absorbieren bei höheren Frequenzen mehr als bei tiefen, somit ist die Nachhallzeit von hohen Frequenzen kürzer als bei tiefen Frequenzen.

173

Man kann nun die Schröder-Diagramme für jedes einzelne Oktav-Band erstellen (für Terz-Bänder würde es auch gehen, das wird aber enorm unübersichtlich):

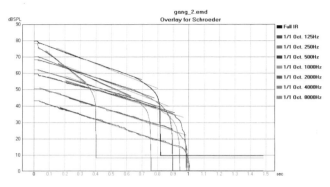

Bild 5.42: Schröder-Diagramm der einzelnen Oktav-Bänder

In Bild 5.42 fällt auf, dass die Plots bei umso höheren Pegeln beginnen, je höher ihre Frequenz ist. Dies muss auch so sein: Die Schröder-Diagramme werden aus der Impulsantwort abgeleitet, diese ist ein *weißes* Signal, der Energiegehalt nimmt also um 6dB pro Oktave zu.

Übersichtlicher wird es, sich die Nachhallzeit als Funktion über die Frequenz anzeigen zu lassen, das ist selbst in Terzbändern noch halbwegs übersichtlich. Bild 5.43 zeigt als solches Diagramm als Overlay aller vier Nachhallzeiten.

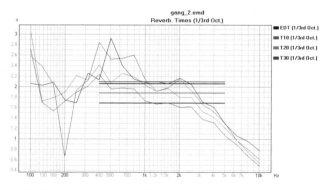

Bild 5.43: Frequenzab-hängigkeit der Nachhallzeit

Für das Zeitverhalten von Räumen können moderne Messsysteme noch deutlich mehr Größen bestimmen, die wir uns aber nicht alle ansehen müssen.

5.3.2 Sprachverständlichkeit

Für die Messung der Sprachverständlichkeit gibt es eine ganze Reihe von Messverfahren (CIS, AlCons, RaSTI), von denen sich zunehmend der STI (*speech transmission index*) durchsetzt.

Der STI stammt aus der Ära der analogen Meßgeräte: Dort werden zur Berechnung des STI die Signale der Frequenzen 125Hz, 250Hz, 500Hz, 1kHz, 2kHz, 4kHz und 8kHz mit Frequenzen zwischen 0,63Hz und 12,5Hz amplitudenmoduliert: Die Signalstärke der hohen Frequenz wird im Takt der tiefen Frequenz zwischen 0% und 100% und wieder zurück geändert. Durch Nachhall, Echos oder Geräusche tritt dabei ein sogenannter Modulationsverlust auf (die Signalintensitität am Empfangsort schwankt dann zwischen x% und 100%, weil in den "Ruhepausen" auch Signale auftreten). Aus dem Modulationsgrad am Mikrofonort wird dann die Modulations-Übertragungsfunktion (*modulation transfer function*, MTF) berechnet.

Moderne Messsysteme leiten alle MTF aus der Impulsantwort ab. Es sind somit nicht – wie in der Analogtechnik – 98 Messvorgänge nötig, sondern nur ein einzelner. Beide Verfahren (sowohl das analoge Verfahren als auch das mit der Impulsantwort) sind in der DIN EN 60268-16 beschrieben.

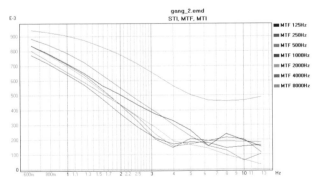

*Bild 5.44:
Modulations-
Übertragungs-
Funktionen*

Bild 5.44 zeigt die Modulations-Übertragungsfunktionen unseres Beispielraums. Dabei ist zu beachten, dass auf der X-Achse die Modulationsfrequenz liegt.

STI (Mask.)	0,456
AlCons [%]	14,444
STI (Male)	0,444
STI (Female)	0,452
RaSTI	0,391
Equiv. STIPa (Male)	0,462
Equiv. STIPa (Female)	0,473
STI (Modified)	0,416
STI (Unweighted)	0,457
STI (Custom)	0,456
RaSTI (Weighted)	0,390
STIPa (Modified)	0,453
STIPa (Unweighted)	0,478

Bild 5.45:
Sprachverständ-
lichkeitswerte

Nicht ganz unerwartet nimmt die Modulationstiefe ab, je schneller moduliert wird.

Bild 5.45 zeigt die Ergebnistabelle der Sprachverständlichkeitswerte. Wie unschwer zu erkennen ist, handelt es sich beim STI nicht nur um einen einzelnen Wert: So gibt es beispielsweise auch Varianten für männliche und weibliche Sprechstimmen.

Die Sprachverständlichkeit wird üblicherweise für Beschallungsanlagen ermittelt, die als Notfallwarnanlagen für sicherheitsrelevante Durchsagen verwendet werden, oder die beispielsweise bei Hauptversammlungen von Aktiengesellschaften rechtlich relevante Informationen verbreiten. Die Ermittlung der Sprachverständlichkeit erfolgt üblicherweise „außer Betrieb", also ohne nennenswerte Nebengeräusche. Die geforderte Sprachverständlichkeit muss jedoch in der konkreten Situation gegeben sein, und hier gibt es fast immer erhebliche Nebengeräusche. Zu diesem Zweck kann man den erzielbaren Schallpegel sowie das zu erwartende Nebengeräusch messen und bei der Messung berücksichtigen lassen.

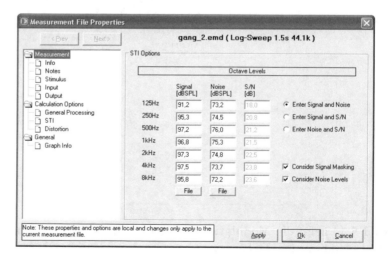

Bild 5.46:
Fremdgeräusche bei
der Sprachverständ-
lichkeitsmessung
berücksichtigen

5.4 Schallpegelmessung

Wenn von einer Schallpegelmessung gesprochen wird, ist üblicherweise der Schalldruckpegel gemeint (es gibt auch noch den Schallintensitätsspegel und den Schallleistungspegel). Der Schalldruckpegel ist wie folgt definiert:

$$L = 20 \cdot \lg \frac{p}{p_0} = 20 \cdot \lg \frac{p}{2,02 \cdot 10^{-5} \, \dfrac{N}{m^2}}$$

Zur Schallpegelmessung wird der Schalldruck mittels eines Mikrofons in eine Spannung gewandelt, die dann gemessen werden kann.

5.4.1 Messung des Momentanpegels

Bild 5.47 zeigt einen Schallpegelmesser zur Messung des Momentanwerts. Solche Messgeräte eignen sich zu einer orientierenden Messung, für Messungen im Arbeits- und Immissionsschutz werden jedoch integrierende Schallpegelmesser benötigt (die jedoch deutlich teurer sind).

Rechts oben findet sich ein Umschalter zwischen A- und C-Bewertungsfilter: Das A-Bewertungsfilter wurde bereits in Kapitel 5.1.3 besprochen, das C-Bewertungsfilter werden wir uns noch näher ansehen.

Darunter befindet sich der Umschalter für die Zeitbewertung: Im Modus *Fast* beträgt die Integrationsdauer 125 ms, im Modus Slow dagegen 1 s.

Bild 5.47:
Schallpegelmesser

Mit Umschalter daneben lässt sich die Anzeige auf Maximal-
oder Minimalwert umschalten. Ganz unten sind die Tasten für
die Bereichswahl angebracht. Schallpegelmesser sind in ihrer
Genauigkeit durch das Eigenrauschen und die Übersteuerung
begrenzt: Bei Pegeln unterhalb der angegebenen Grenze wird
tendenziell ein zu hoher Pegel angezeigt, weil das Eigenrauschen
des Geräts das Signal überlagert. Bei Pegeln oberhalb der
Messbereichsgrenze wird das Gerät früher oder später in die
Übersteuerung geraten und dadurch weniger anzeigen, als tatsächlich anliegt. Zu beachten ist in diesem Zusammenhang, dass
häufig Signale mit hohem Crest-Faktor gemessen werden, das
Messgerät benötigt dementsprechend Reserven vor der tatsächlichen Übersteuerung.

5.4.2 Genauigkeitsklassen

Schallpegelmesser gibt es in unterschiedlichen Genauigkeits-
klassen, in der Praxis relevant sind insbesondere die Klassen I
und II. Die Anforderungen an Schallpegelmesser dieser Klassen
sind in DIN EN 61672-1 (*Schallpegelmesser, Anforderungen*) genormt.

Zu solchen Anforderungen gehören auch Vorgaben, welche Abweichungen die Anzeige bei Änderungen von Temperatur, Druck,
Luftfeuchtigkeit und vieles anderes mehr führen darf – das soll
uns nicht im Detail interessieren.

Richtverhalten

Schalldruckpegel werden mit einem sogenannten Druckemp-
fänger gemessen, die Richtcharakteristik dieser Mikrofone entspricht einer Kugel – theoretisch sind sie nach allen Seiten gleich
empfindlich.

Bei tiefen Frequenzen ist dies durchaus gegeben. Sobald jedoch
die Wellenlänge in die Größenordnung der Abmessungen des
Schallpegelmessers kommt, entsteht eine Richtwirkung, so dass
seitlich oder gar von hinten eintreffende Schallsignale weniger
in die Messung eingehen als die von vorne.

Tabelle 5.2 zeigt, wie sehr das Richtverhalten maximal vom Ideal abweichen darf.

Frequenz [kHz]	+/- 30°		+/- 90°		+/- 150°	
	Kl. I	Kl. II	Kl. I	Kl. II	Kl. I	Kl. II
0,25 ... 1	1,3	2,3	1,8	3,3	2,3	5,3
1 ... 2	1,5	2,5	2,5	4,5	4,5	7,5
2 ... 4	2,0	4,5	4,5	7,5	6,5	12,5
4 ... 8	3,5	7,0	8,0	13,0	11,0	17,0
8 ... 12,5	5,5	–	11,5	–	15,5	–

Tabelle 5.2:
Zulässiges
Richtverhalten

Die zulässige Abweichung ist abhängig von der Frequenz, der Genauigkeitsklasse sowie den Winkelbereich rings um die Bezugsachse. Bei einem Präzisionsschallpegelmesser (Klasse I) darf es im Bereich von 1 bis 2 kHz und +/- 30° keine Anzeigewerte geben, die mehr als 1,5 dB voneinander abweichen.

Pegellinearität

Der Bezugspegelmessbereich muss sich bei 1 kHz über mindestens 60 dB erstrecken. In diesem Bereich darf der Linearitätsfehler bei Klasse I-Geräten +/-1,1 dB und bei Klasse II-Geräten +/-1,4 dB nicht überschreiten.

Bei jeder beliebigen Änderung innerhalb eines Bereichs von 10 dB darf die Abweichung bei Klasse I-Geräten +/- 0,8 dB und bei Klasse II-Geräten +/- 0,6 dB nicht überschreiten.

Frequenzbewertung

Ein Schallpegelmesser muss mindestens über die Frequenzbewertung A verfügen. Optional kann er auch noch die Frequenzbewertung C und Z (linear) aufweisen.

Tabelle 5.3 zeigt das Idealverhalten der Frequenzbewertungskurven sowie die maximal zulässige Abweichung (in Abhängigkeit von der Genauigkeitsklasse).

Frequenz [Hz]	Frequenzbewertung [dB]			Abweichung [dB]	
	A	C	Z	Kl. I	Kl. II
12,5	-63,4	-11,2	0,0	+3,0 / -∞	+5,5 / -∞
16	-56,7	-8,5	0,0	+2,5 / -4,5	+5,5 / -∞
20	-50,5	-6,2	0,0	+/- 2,5	+/- 3,5
25	-44,7	-4,4	0,0	+2,5 / -2,0	+/- 3,5
31,5	-39,4	-3,0	0,0	+/- 2,0	+/- 3,5
40	-34,6	-2,0	0,0	+/- 1,5	+/- 2,5
50	-30,2	-1,3	0,0	+/- 1,5	+/- 2,5
63	-26,2	-0,8	0,0	+/- 1,5	+/- 2,5
80	-22,5	-0,5	0,0	+/- 1,5	+/- 2,5
100	-19,1	-0,3	0,0	+/- 1,5	+/- 2,0
125	-16,1	-0,2	0,0	+/- 1,5	+/- 2,0
160	-13,4	-0,1	0,0	+/- 1,5	+/- 2,0
200	-10,9	0,0	0,0	+/- 1,4	+/- 2,0
250	-8,6	0,0	0,0	+/- 1,4	+/- 1,9
315	-6,6	0,0	0,0	+/- 1,4	+/- 1,9
400	-4,8	0,0	0,0	+/- 1,4	+/- 1,9
500	-3,2	0,0	0,0	+/- 1,4	+/- 1,9
630	-1,9	0,0	0,0	+/- 1,4	+/- 1,9
800	-0,8	0,0	0,0	+/- 1,4	+/- 1,9
1000	0,0	0,0	0,0	+/- 1,1	+/- 1,4
1250	+0,6	0,0	0,0	+/- 1,4	+/- 1,9
1600	+1,0	-0,1	0,0	+/- 1,6	+/- 2,6
2000	+1,2	-0,2	0,0	+/- 1,6	+/- 2,6
2500	+1,3	-0,3	0,0	+/- 1,6	+/- 3,1
3150	+1,2	-0,5	0,0	+/- 1,6	+/- 3,1
4000	+1,0	-0,8	0,0	+/- 1,6	+/- 3,6
5000	+0,5	-1,3	0,0	+/- 2,1	+/- 4,1
6300	-0,1	-2,0	0,0	+2,1 / -2,6	+/- 5,1
8000	-1,1	-3,0	0,0	+2,1 / -3,1	+/- 5,6
10000	-2,5	-4,4	0,0	+2,6 / -3,6	+5,6 / -∞
12500	-4,3	-6,2	0,0	+3,0 / -6,0	+6,0 / -∞
16000	-6,6	-8,5	0,0	+3,5 / -17,0	+6,0 / -∞
20000	-9,3	-11,2	0,0	+4,0 / -∞	+6,0 / -∞

Tabelle 5.3:
Frequenzbewertung
A, C und Z

5.4.3 Integrierende Schallpegelmesser

Fast alle Beurteilungswerte aus dem Arbeits- und Immissions-schutz basieren auf den energieäquivalenten Mittelungspegel, dem Leq:

$$L_{Aeq,T} = 10 \cdot \lg \left[\frac{1}{T} \int_0^T 10^{\frac{L_A(t)}{10}} \cdot dt \right]$$

Um diesen Leq zu bilden, wird der jeweilige Schallpegel in seinen Energiegehalt umgerechnet. Diese Werte werden auf-integriert, durch die Zeit geteilt und wieder in einen Pegel zurück-gerechnet.

(Für diejenigen, die keine höhere Mathematik genossen haben: Das mit dem Integrieren kann man sich so vorstellen, dass alle Energieanteile in ein großes Fass geworfen werden und man dann den Füllstand betrachtet.)

Der Begriff „energieäquivalent" bedeutet, dass ein Signal mit einem Leq von 95 dB denselben Energiegehalt aufweist wie ein Dauerton von 95 dB. Wichtig bei der Leq-Berechnung ist, dass man den (logarithmischen) Schallpegel in den (linearen) Energie-wert umrechnet.

Die Bildung eines arithmetischen Mittels der Schallpegel führt noch nicht einmal näherungsweise zu einem korrekten Ergeb-nis. Angenommen, ein Signal beträgt 1 Stunde lang konstant 100 dB und eine weitere Stunde lang konstant 0 dB, dann be-trägt der energieäquivalente Mittelungspegel nicht 50 dB, son-dern 97 dB. Aus diesem Grund kommt man auch mit einen Momentanschallpegelmesser nicht weiter, sondern braucht zwin-gend einen integrierenden Schallpegelmesser.

Während Momentanschallpegelmesser im Prinzip nur aus ei-nem Mikrofon, einem A-Bewertungsfilter, einem Logarithmierer und einer Anzeige bestehen, sind integrierende Schallpegel-messer deutlich aufwendiger gebaut. Solche Geräte liegen somit preislich im vierstelligen Euro-Bereich.

Bild 5.48:
Integrierender
Schallpegelmesser
Brüel & Kjaer 2238

Bild 5.48 zeigt einen solchen integrierenden Schallpegelmesser, den Brüel & Kjaer 2238. Es handelt sich dabei um ein Klasse I-Gerät mit Bauartzulasstung der Physikalisch-Technischen Bundesanstalt und wird somit von den Eichämtern zur Eichung angenommen. (Links vom Display ist das Eichsiegel zu erkennen.)

Rechts im Bild liegt ein Schallpegelkalibrator. Dabei handelt es sich um ein Gerät, das einen konstanten Schalldruck abgibt, hier umschaltbar zwischen 94 dB und 114 dB.

Vor und nach jeder Messung wird das Gerät mit dem Kalibrator geprüft, und sofern der Kalibrierungswert sich nicht geändert hat (oder nur sehr geringfügig), kann man die Messung als zuverlässig ansehen. Vor wenigen Jahrzehnten kam der Kalibrierung noch eine erhebliche Bedeutung zu. Inzwischen sind die Schallpegelmesser dieser Liga so langzeitstabil, dass sie selbst über Jahre hinweg allenfalls mal um 0,1 dB „weglaufen".

Messung nach BGV B3

Die BGV B3 ist die berufsgenossenschaftliche Vorschrift „Lärm". Sie sieht unter anderem vor, dass der Unternehmer an den Arbeitsplätzen eine Schallpegelmessung durchführt, Lärmbereiche qualifiziert ermittelt und kennzeichnet sowie Lärmminderungsmaßnahmen ergreift.

Der Beurteilungspegel ist nach folgender Formel zu ermitteln:

$$L_{Ard} = 10 \cdot \lg \left[\frac{1}{8} \sum_{i=1}^{n} 10^{0,1 \cdot L_{Aeq,i}} \right]$$

Dabei sollen für die einzelnen Stunden energieäquivalente Mittelungspegel ermittelt werden, die dann in einen Energiewert umgerechnet, aufsummiert, durch eine Regelarbeitszeit von acht Stunden geteilt und dann wieder in einem Pegel zurückgerechnet werden.

Im Prinzip wird also ein energieäquivalenter Mittelungspegel über den gesamten Arbeitstag gebildet. Da jedoch einige integrierende Schallpegelmesser nicht über acht Stunden mitteln können, können hier einzelne Stunden gemessen werden. Darüber hinaus erfolgt eine Umrechnung auf eine Regelarbeitszeit von acht Stunden (Unterschreitungen der Regelarbeitszeit gehen als lärmfreie Zeit in die Berechnung ein).

Darüber hinaus gibt es einen Katalog von Arbeitsmitteln und Arbeitsverfahren, bei denen ein Impulszuschlag nach DIN 45645-2 (*Ermittlung von Beurteilungspegeln aus Messungen – Geräuschimmissionen am Arbeitsplatz*) berücksichtigt werden muss.

TA Lärm

Die *Sechste Allgemeine Verwaltungsvorschrift zum Bundes-Immissionsschutzgesetz (Technische Anleitung zum Schutz gegen Lärm)* – kurz TA Lärm – dient dem Schutz der Allgemeinheit und der Nachbarschaft vor Geräuscheinwirkung.

Diese Verwaltungsvorschrift verwendet DIN 45645-1 (*Ermittlung von Beurteilungspegeln aus Messungen – Geräuschimmissionen in der Nachbarschaft*) zur Bildung des Beurteilungspegels. Die Messung wird in der Regel von einer amtlich bekanntgegebenen Stelle nach § 26 / § 28 BImSchG (*Bundes-Immissionsschutzgesetz*) mit amtlich geeichten Messgeräten durchgeführt.

Der Beurteilungspegel wird wie folgt gebildet:

$$L_r = L_{A,eq} - C_{met} + K_I + K_T + K_R$$

Grundlage scheint hier der A-bewertete energieäquivalente Mittelungspegel zu sein (der, wie wir gleich sehen werden, gar nicht in den Beurteilungspegel eingeht). Ansonsten gibt es eine Reihe von Zu- und Abschlägen:

C_{met}: meteorologische Korrektur nach DIN ISO 9613-2 1999-10 (*Akustik – Dämpfung des Schalls bei der Ausbreitung im Freien – Allgemeines Berechnungsverfahren*), Gleichung (6).

K_I: Impulszuschlag, gebildet nach der folgenden Formel:

$$K_I = L_{A,FTeq} - L_{A,eq}$$

Wie wir sehen, steht hier der $L_{A,eq}$ als Minuend, so dass für den Beurteilungspegel eigentlich gilt:

$$L_r = L_{A,FTeq} - C_{met} + K_T + K_R$$

Der $L_{A,FTeq}$ ist der energieäquivalente Mittelungspegel aus dem Taktmaximalpegel bei einer Taktzeit von 5 s, einer Frequenzbewertung A und einer Zeitbewertung F (*fast*). In Taktschritten von 5 s wird also der maximale Pegel bestimmt, dieser wird nach der bekannten Formel in einen energieäquivalenten Mittelungspegel umgerechnet.

K_T: Zuschlag für Ton- und Informationshaltigkeit, beträgt je nach Auffälligkeit 3 dB oder 6 dB.

K_R: Zuschlag von 6 dB für Tageszeiten mit erhöhter Empfindlichkeit.

Bei der Messung des Beurteilungspegels steht man oft vor dem Problem, dass die Immission der maßgeblichen Anlage ein Gemisch mit Immissionen anderer Anlagen und insbesondere des Straßenverkehrs bildet, so dass eine präzise Zuordnung schwierig bis unmöglich ist.

DIN 15905-5

DIN 15905-5 (*Veranstaltungstechnik – Tontechnik – Maßnahmen zum Vermeiden einer Gehörgefährdung des Publikums durch hohe Schallemissionen elektroakustischer Beschallungstechnik*) verpflichtet die Inhaber der Verkehrssicherungspflicht (Veranstalter, Betreiber einer Versammlungsstätte), den Schallpegel während einer Veranstaltung zu messen und zu begrenzen.

Beurteilungspegel ist der $L_{A,eq}$, der in Abschnitten von vollen halben Stunden (18:00 bis 18:30 Uhr, 18:30 bis 19:00 Uhr und so weiter...) gemessen wird. Der Richtwert für den Beurteilungspegel beträgt 99 dB.

Maßgeblicher Immissionsort ist der Punkt im Publikumsbereich, an dem der höchste Schalldruckpegel erwartet wird. Während der Messung soll das Mikrofon an einem Punkt außerhalb der Reichweite des Publikums angebracht werden. Um die Differenz zum maßgeblichen Immissionsort auszugleichen, sind Korrekturwerte zu ermitteln und während der Messung zu verwenden.

5.4.4 PC-gestützte Systeme

Maßgeblicher Kostenfaktor integrierender Schallpegelmesser ist der Mikro-Controller zur Integration der Messwerte. Da liegt die Idee nahe, dafür eine Software-Lösung zu verwenden und ein PC-gestütztes System aufzubauen. Hier gibt es prinzipiell zwei Vorgehensweisen:

- Systeme mit spezieller Hardware, beispielsweise als PCMCIA-Karte.

- Systeme, die auf die Soundkarte aufsetzen und einen speziellen Vorverstärker oder den AC-Ausgang eines Schallpegelmessers nutzen.

Während Systeme mit spezieller Hardware in der Genauigkeit anderen Präzisionsschallpegelmessern nicht nachstehen müssen (vom Preis her dann aber auch in der selben Liga spielen),

genügen Soundkarten-Lösungen den Anforderungen nach DIN
EN 61672 oft nur knapp. Ursache dafür ist der doch etwas limi-
tierte Dynamik-Umfang üblicher Soundkarten. Der große Vorteil liegt darin, dass solche Systeme preislich nur etwa ein Zehntel von integrierenden Schallpegelmessern kosten.

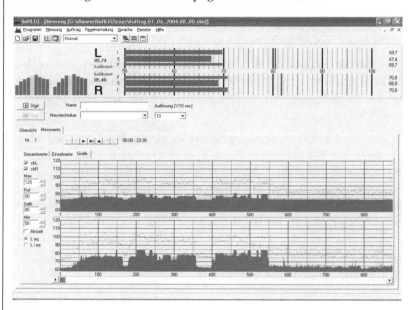

Bild 5.49:
SoftLEQ

Bild 5.49 zeigt den Bildschirm von SoftLEQ, einem Programm,
das über die Soundkarte an den AC-Ausgang des Schallpegelmessers angeschlossen wird und über dessen Display kalibriert
werden kann. (Bei Soundkarten-Lösungen hat die Kalibrierung
einen deutlich höheren Stellenwert, da ohne Kalibrierung der
Messwert quasi zufällig ist.)

PC-gestützte Lösungen punkten oft mit gründlicher Protokol-
lierung aller Einzelwerte wie beispielsweise Minuten- oder Se-
kunden-Mittel. Bei integrierenden Schallpegelmessern muss eine
solche Funktionalität oft mittels zusätzlicher Software teuer
bezahlt werden.

Elektrik

6

Messungen in der Elektrik stellen zunächst keine große Schwierigkeit dar: Spannung, Strom und Widerstand, fast immer sinusförmige Größen und kein Bedarf an besonderer Genauigkeit. Die besonderen Anforderungen an Messungen in der Elektrik sind andere:

- Die Ergebnisse müssen zuverlässig sein. Vom richtigen Ergebnis einer Spannungsprüfung hängt gegebenenfalls das Leben des Prüfenden ab. Da darf es zu keiner Fehlanzeige kommen, weil beispielsweise Messleitungen nicht korrekt gesteckt sind oder eine Schalterstellung missverständlich ist.

- Die Messungen müssen praxisrelevant durchgeführt werden. Widerstände von mehreren MΩ kann auch ein Multimeter anzeigen. Wenn aber Isolationswiderstände gemessen werden sollen, dann macht man das lieber mit einer hohen Gleichspannung, so dass sich Kriechströme ausbilden und Isolationsschichten gegebenenfalls durchschlagen werden.

- In der Elektrik werden oft Messungen unter ungünstigen Bedingungen (beispielsweise Feuchtigkeit) und nicht immer mit der wünschenswerten Sorgfalt durchgeführt. Das stellt erhöhte Anforderungen an die Sicherheit der Mess- und Prüfgeräte.

6.1 Spannungsprüfer

Spannungsprüfer sind keine Messgeräte. Es interessiert nur, ob eine gefährliche Berührungsspannung vorhanden ist, nicht deren genaue Höhe.

187

6.1.1 Phasenprüfer

Der Phasenprüfer ist ein einpoliger Spannungsprüfer. Er ist in DIN 57680-6 / DIN VDE 0680-6 genormt.

Bild 6.1:
Phasenprüfer

Der Phasenprüfer ist meist als Schraubendreher ausgestaltet. Das verführt dazu, Schrauben mit zu kleiner Klinge anzuziehen, und aus Rücksicht auf die mechanische Stabilität des Phasenprüfers dann auch nicht fest genug. Man sollte Phasenprüfer als Prüfgerät betrachten, nicht als Werkzeug.

Die Schraubendreherklinge bildet die Prüfelektrode, auf der gegenüberliegenden Seite liegt die Berührungselektrode. Die Existenz einer hohen Berührungsspannung wird mittels einer Glimmlampe angezeigt, dabei fließt ein Strom durch den menschlichen Körper. Dieser Strom wird mittels eines Widerstands auf 0,5 mA beschränkt.

Die Norm fordert vom Phasenprüfer, dass ab dem 0,85-fachen der Nennspannung die Anzeige zweifelsfrei wahrnehmbar sein muss. In der Praxis funktioniert das oft nur dann, wenn bei der Prüfung mit der anderen Hand ein geerdetes Bauteil (beispielsweise die Heizung) berührt wird.

Bild 6.2:
Bedienung des
Phasenprüfers

Mit dem Phasenprüfer kann man recht schnell feststellen, welche Teile eine hohe Berührungsspannung gegen Erde haben. Leider ist die Zuverlässigkeit beschränkt – es hat schon böse Unfälle gegeben, weil der Prüfende sich nicht geerdet hat (Schuhsohlen sind manchmal hervorragende Isolatoren) oder bei hoher Umgebungshelligkeit die Glimmlampe nicht wahrnehmbar war.

6.1.2 Einpoliger Spannungsprüfer

Mehr Funktionen bieten einpolige Spannungsprüfer mit LCD-Display:

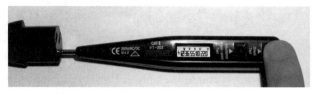

Bild 6.3:
Einpoliger
Spannungsprüfer

Es kann damit grob abgeschätzt werden, in welchem Bereich die Prüfspannung liegt.

Bild 6.4:
Phantomspannung auf
der Berührungselektrode

Das Gerät ist so hochohmig, dass eine Spannung von 12 V bei der Berührung von Nullleiter und Schutzleiter so lange angezeigt werden, bis man den eigenen Körper geerdet hat. Die angezeigt Spannung ist dabei nicht die Spannung des Null- oder Schutzleiters, sondern die der kapazitiv eingefangenen Störspannungen des Körpers.

Bild 6.5:
Zweite Berührungs-
elektrode zur Ermittlung
von Leitungs-
unterbrechungen

Der Spannungsprüfer ist mit zwei Berührungselektroden versehen. „Direct Test" dient der Spannungsprüfung, mit der anderen Berührungselektrode können Leitungsunterbrechungen gesucht werden.

Zu diesem Zweck fährt man mit der Prüfelektrode die Leitung ab (es muss dabei keine leitende Verbindung bestehen):

Bild 6.6:
Suche einer
Leitungs-
unterbrechung

Solange man in der Nähe einer hohen Berührungsspannung ist, zeigt der Spannungsprüfer ein Blitz-Symbol an. Dieses verblasst, wenn man sich davon entfernt. Wenn die unterbrochene Leitung auf Phase gelegt wird, kann man auf diese Weise sehr schnell die Unterbrechungsstelle finden.

Für die Suche von unter Putz verlaufenden Leitungen eignet sich dieses Gerät nur, wenn die Leitungen sehr nah an der Oberfläche verlaufen. Vor dem Ansetzen eines Bohrers würde ich lieber mit einem darauf spezialisierten Gerät prüfen.

Am Rande: Wie vorhin bereits erwähnt sind solche Geräte Prüfgeräte und keine Werkzeuge. Die Schraubendreherklinge sollte man nicht als solcher verwenden.

6.1.3 Duspol

Unter der Marke Duspol vertreibt die Firma Benning zweipolige Spannungsprüfer, der Markenname ist dabei zu einem Synonym solcher Prüfgeräte geworden.

Bild 6.7:
Traditioneller Duspol

Bild 6.7 zeigt einen traditionellen Duspol. Dessen Anzeigen bestehen aus einer Glimmlampe und einem Tauchspulmesswerk.

Bild 6.8:
Glimmlampe bei
Gleichspannung

Mit der Glimmlampe wird hochohmig auf die Existenz einer hohen Spannung geprüft. Bei Gleichspannungen kann dabei ermittelt werden, welche Polarität diese hat. Bei Wechselspannung glimmen beide Elektroden.

(Am Rande: Das Aufleuchten nur einer Elektrode kann auch vorkommen, wenn man mit kurzer Belichtungszeit fotografiert.)

Bild 6.9:
Tauchspulmesswerk

Mittels eines Drucktasters kann das Tauchspulmesswerk zugeschaltet werden, mit diesem lässt sich ungefähr die Höhe der Spannung bestimmen. Das Tauchspulmesswerk ist vergleichsweise niederohmig, so dass die Anzeige von Phantomspannungen recht zuverlässig vermieden wird. Der fließende Strom reicht aus, um einen 30 mA-RCD (Fehlerstromschutzschalter) ziemlich zuverlässig auszulösen.

Das Tauchspulmesswerk erzeugt eine wahrnehmbare Vibration des Gerätes als auch ein vernehmbares Brummen. Erfahrene Nutzer benötigen keinen Blick zur Anzeige, um beispielsweise 230V zuverlässig von 400V unterscheiden zu können. Benning baut in die neueren Modelle deshalb einen Vibrationswerk ein.

191

6.1.4 Duspol digital plus

Bild 6.10 zeigt eine aktuelle Version des zweipoligen Spannungs-
prüfers, den Duspol digital plus:

Bild 6.10:
Duspol digital plus

Im Gegensatz zu anderen Produkten vom gleichen oder auch
von anderen Herstellern wird hier die Spannungshöhe exakt von
einem LCD-Display angezeigt. Mittels der Drucktaster lässt sich
die Last und das Vibrationswerk zuschalten. Man kann also die
anliegende Spannung auch erfühlen – dies ist aber bei Dunkel-
heit gar nicht erforderlich, da sich sowohl das Display als auch
die Messstelle beleuchten lässt.

Neben der Spannungsanzeige finden wir
auch noch die Polaritätsanzeige – im Beispiel werden sowohl das Plus- als auch das
Minus-Zeichen angezeigt, so dass Wechselspannung vorliegt. Die Anzeige *50V* deu-
tet darauf hin, dass der Bereich der Schutzkleinspannung verlassen wurde.

Wird die zweite Handhabe nur einpolig mit
aktiven Teilen verbunden, dann wird mittels eines Blitz-Symbols angezeigt, ob eine
Spannung gegen Erde anliegt oder nicht –

Bild 6.11:
Detailsansicht
Display

man kann den Duspol digital plus also auch als einpoligen
Phasenprüfer verwenden. Das Bezugspotential wird dabei
höchstohmig über die zweite Handhabe geführt: Die Bedienungs-
anleitung sieht ein vollflächiges Umfassen beider Handhaben
vor, nach meiner Erfahrung geht's oft auch ohne.

Die zweite Handhabe dient auch als Berührungselektrode, wenn mittels zweipoliger Messung das Drehfeld eines 3-Phasen-Drehstroms ermittelt wird: Dabei wird die erste Handhabe mit L1 und die zweite Handhabe mit L2 verbunden. Stellt das Gerät dann fest, dass beide Elektroden eine Spannung gegen Erde aufweisen, dann wird ermittelt, ob ein Rechts- oder ein Linksdrehfeld vorliegt und das entsprechend symbolisiert.

6.2 Zangenamperemeter

Die Messung kleiner Ströme erfolgt meist mit einem Parallelwiderstand, der in den Stromkreis eingefügt wird. Die an diesem Widerstand abfallende Spannung wird dann gemessen und angezeigt.

Für die Messung größerer Ströme ist dieses Verfahren weniger geeignet: Damit der Eigenwiderstand des Messgeräts das Ergebnis nicht deutlich verfälscht, muss er sehr klein sein. Bei hohen Strömen sind auch die Widerstände der Messleitungen und die Übergangswiderstände beim Anschluss des Messgeräts problematisch. Hier sollte dann ein Zangenamperemeter eingesetzt werden.

Bild 6.12:
Zangenamperemeter

Ein Zangenamperemeter beruht (bei herkömmlichen Geräten) auf dem Prinzip eines Transformators: Der Eisenkern ist hier als Messzange ausgeführt, die sich öffnen lässt. In diesen Kern wird ein einzelner Leiter eingeführt, der ein seinem Strom entsprechendes Magnetfeld erzeugt. Auf diesen Eisenkern ist dann noch eine Spule gewickelt, die eine dem Magndetfeld entsprechende Spannung abgibt.

Es handelt sich also um einen Transformator, dessen Primärwicklung aus einer einzelnen Windung besteht – dem stromdurchflossenen Leiter. Deshalb ist wichtig, dass nur ein einzelner Leiter durch den Eisenkern geführt wird.

Würde man eine gesamte Leitung – also Hin- und Rückleiter – in den Eisenkern einführen, dann Überlagern sich die Magnetfelder beider Leiter und heben sich gegenseitig auf:

Bild 6.13:
Hin- und Rückleiter
(jeweils 6A)
gemeinsam im
Eisenkern

Diese Einschränkung gilt allerdings nur für Geräte, die nach dem traditionellen Trafo-Prinzip arbeiten. Es sind inzwischen auch Geräte auf dem Markt, die das Messen kompletter Leitungen erlauben.

Bild 6.14:
Gleiche
Stromrichtung von
Hin- und Rückleiter

Werden Hin- und Rückleiter so durch den Eisenkern geführt, dass sie dieselbe Stromrichtung aufweisen, dann verdoppelt sich das Ergebnis.

194

Nun mag der mitrechnende Leser einwenden, das 6,0 A nicht die Hälfte von 13,3 A ist. Wir kommen damit zu einem weiteren Problem: Der Genauigkeit dieses Verfahrens. Diese ist bei niederen Strömen recht mäßig. Unter 1 A braucht man eigentlich gar nicht zu messen, und unter 10 A sollte man das Ergebnis als grobe Näherung verstehen. Dies hängt damit zusammen, dass es eigentlich überall mehr oder weniger große magnetische Wechselfelder gibt, die das vom Leiter erzeugte Magnetfeld überlagern.

6.3 Geräteprüfung nach VDE 0701 / 0702

Werden elektrische Geräte als Arbeitsmittel eingesetzt, dann sind sie regelmäßig auf ihre Sicherheit hin zu prüfen. Diese Prüfung ist in DIN VDE 0702 genormt. Nach einer Änderung oder Instandsetzung sind elektrische Geräte nach DIN VDE 0701 zu prüfen – die Unterschiede zu DIN VDE 0702 sind dabei gering.

Neben einer Sichtprüfung und ähnlichen Vorgängen erfordern diese Geräteprüfungen auch einige Messungen, die wir uns hier nun ansehen wollen. Am Rande: Diese Prüfung hat durch oder unter der Aufsicht einer Elektrofachkraft zu erfolgen.

6.3.1 Messung des Schutzleiterwiderstands

Bei Geräten der Schutzklasse I (also den Geräten mit Schutzleiteranschluss) ist zunächst der Schutzleiterwiderstand zu messen – bei Geräten der Schutzklassen II und III ist das natürlich nicht erforderlich.

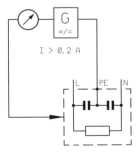

Bild 6.15:
Messung des
Schutzleiterwiderstands

195

Der Schutzleiterwiderstand wird mit einem Gleich- oder Wechselstrom von mindestens 0,2 A gemessen, übliche Multimeter scheiden hier also aus. Wird mit Gleichstrom gemessen, dann werden beide Polaritäten eigens erfasst, um eine Verfälschung des Messergebnisses durch galvanische Spannungen und ähnliche Effekte auszuschließen.

Der Grenzwert für den Schutzleiterwiderstand beträgt 0,3 Ω bei einer Länge der Zuleitung bis zu 5 m. Je weitere 7,5 m Zuleitung werden 0,1 Ω mehr akzeptiert.

6.3.2 Isolationswiderstand

Auch der Isolationswiderstand wird nicht mit dem Multimeter gemessen, sondern mit einer Gleichspannung von mindestens 500 V.

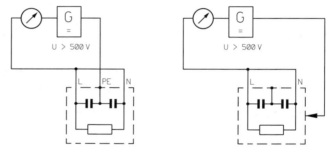

Bild 6.16:
Isolationswiderstand

Bei Geräten der Schutzklasse I (links) erfolgt die Messung zwischen den zusammengeschlossenen aktiven Leitern und dem Schutzleiter. Bei Geräten der Schutzklasse II (rechts) werden statt des Schutzleiters leitfähige Teile des Geräte geprüft, beispielsweise das Spannfutter einer Bohrmaschine.

Die Tabelle 6.1 zeigt, welche Isolationswiderstände gefordert sind. Wie wir sehen, werden an Geräte der Schutzklasse II bei der Wiederholungsprüfung weniger strenge Anforderungen gestellt als nach einer Änderung oder Instandsetzung. Geringere Anforderungen werden auch an Gerätne mit Heizkörpern gestellt: Bis zu einer Leistung von 3,5 kW gilt die Prüfung als bestanden, wenn der Isolationswiderstand größer 0,3 MΩ beträgt. Bei größeren Leistungen ist dann lediglich noch der zulässige Schutzleiterstrom einzuhalten.

Schutzklasse	Isolationswiderstand [MΩ]	
	VDE 0701	VDE 0702
I (Schutzleiter)	> 1MΩ	> 0,5MΩ
I, mit Heizkörpern bis 3,5 kW	> 0,3Ω	
II (Schutzisolierung)	> 2MΩ	
III (Schutzkleinspannung)	> 0,25MΩ	

Tabelle 6.1:
Isolationswiderstand

Die meisten Geräte haben einen Isolationswiderstand von mehreren 100 MΩ, der genaue Wert kann oft gar nicht ermittelt werden, weil er den Messbereich des verwendeten Gerätetesters überschreitet. Einem nur knapp eingehaltenen Grenzwert sollte man deshalb nachgehen.

6.3.3 Schutzleiterstrom

Für die Messung des Schutzleiterstroms gibt es zwei Verfahren: Die direkte Messung (links) und die Differenzstrommessung (rechts):

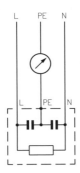 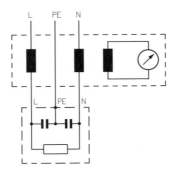

Bild 6.17:
Schutzleiterstrom

197

Bei der direkten Messung wird ein Amperemeter in den Schutzleiter eingefügt. Eine direkte Messung gilt jedoch zumindest als „wenig elegant", weil der Schutzleiter maximal niederohmig ausgeführt werden soll.

Deshalb verwenden moderne Geräte meist das Differenzstromverfahren: Dabei wird der Schutzleiter unbeeinflusst gelassen, in die beiden aktiven Leiter (bei 3-Phasen-Drehstromanschlüssen in die vier aktiven Leiter) wird jeweils eine Spule eingefügt. Auf dem gemeinsamen Kern dieser Spulen befindet sich eine weitere Spule, die proportional zum verbleibenden Restmagnetfeld eine Spannung induziert, die dann angezeigt wird.

Solange es keinen Schutzleiterstrom gibt, addieren sich die Ströme in den aktiven Leitern und somit die Magnetfelder zu null. Gibt es jedoch einen Schutzleiterstrom, dann ist dieser gleich der Differenz der Ströme in den aktiven Leitern und kann somit exakt ermittelt werden. (Am Rande: Das Verfahren mit den Spulen in den aktiven Leitern wird auch beim Fehlerstromschutzschalter verwendet.)

Der Schutzleiterstrom darf im Regelfall 3,5 mA nicht überschreiten. Bei Geräten mit Heizelementen und einer Leistung von mehr als 3,5 kW darf der Schutzleiterstrom nicht mehr als 1 mA pro Kilowatt Leistung betragen.

Die Ursache eines Schutzleiterstroms liegt vor allem in den Kapazitäten zwischen den aktiven Leitern und dem Schutzleiter. Gerade bei Netzfiltern werden solche Kapazitäten vorsätzlich eingefügt, um die Spannung von Störungen zu säubern. Für die maximal zulässige Kapazität würde man berechnen:

$$X_{C,zul} = \frac{U_N}{I_{zul}} = \frac{1}{2 \cdot \pi \cdot f_N \cdot C_{zul}}$$

$$\Rightarrow C_{zul} = \frac{I_{zul}}{2 \cdot \pi \cdot f_N \cdot U_N} = \frac{3,5\,mA}{2 \cdot \pi \cdot 50\,Hz \cdot 230\,V} = 48,44\,nF$$

Bei Geräten mit ungepolten Steckverbindern muss die Messung mit beiden Positionen des Steckers durchgeführt werden, ebenso ist mit allen möglichen Schalterstellungen zu prüfen.

6.3.4 Berührungsstrom

Der Berührungsstrom wird an allen leitfähigen berührbaren Teilen des Geräts gemessen, die nicht mit dem Schutzleiter verbunden sind. Bei Geräten der Schutzklasse II und III sind dies alle leitfähigen berührbare Teile.

Es wird dabei ein Widerstand von $2\,k\Omega$ in Reihe zum Messgerät geschaltet. Auch hier sind wieder alle Schalterstellungen und – bei ungepolten Steckverbindern – beide Steckerpositionen zu messen. Dabei sind alle weiteren Erdverbindungen (beispielsweise über eine Antennenleitung) zu unterbrechen.

Der maximal zulässige Berührungsstrom beträgt $0{,}5\,mA$, bei einem Widerstand von $2\,k\Omega$ entspricht dies einer maximalen Berührungsspannung (unter Last) von $7\,V$.

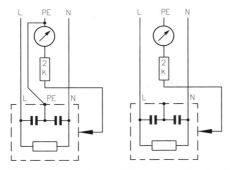

Bild 6.18:
Berührungsstrom

Der maximale Berührungsstrom könnte auch mit einer Differenzstrommessung durchgeführt werden:

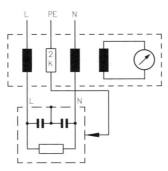

Bild 6.19:
Berührungsstrom mit einer Differenzstrommessung

199

Für Geräte der Schutzklasse I ist dieses Verfahren weniger geeignet, weil das Ergebnis vom Schutzleiterstrom überlagert wird. Bei Geräten der Schutzklasse II hat es den Vorteil, dass weitere Erdverbindungen (beispielsweise Antennenleitungen) nicht entfernt werden müssen.

6.3.5 Ersatzableitstrom

Der Vollständigkeit halber soll auch noch die Schaltung für den Ersatzableitstrom vorgestellt werden. Es handelt sich um ein alternatives Verfahren zur Messung von Schutzleiter- und Berührungsstrom.

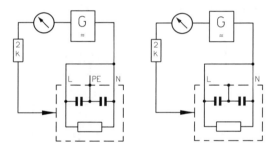

Bild 6.20:
Ersatzableitstrom

Es handelt sich dabei um eine Messung, die mit einer externen Wechselspannungsquelle durchgeführt wird. Deren Spannung kann zwischen 25 V und 250 V liegen, das Ergebnis ist dann auf Netznennspannung umzurechnen.

Da hier beide Kondensatoren eines Netzfilters wirksam werden, ist der Messwert üblicherweise doppelt so hoch wie der Schutzleiterstrom. Bei Geräten mit zweipoliger Abschaltung und symmetrisch kapazitiver Schaltung darf der Messwert bei diesem Verfahren deshalb halbiert werden.

Grundsätzlich sollte die Messung von Schutzleiter- und Berührungsstrom vorgezogen werden.

6.3.6 Gerätetester

Für die Geräteprüfung nach VDE 0701 / 0702 gibt es Gerätetester, die alle benötigten Messungen durchführen können. Als Beispiel wollen wir uns hier den Norma Unilap 701 ansehen:

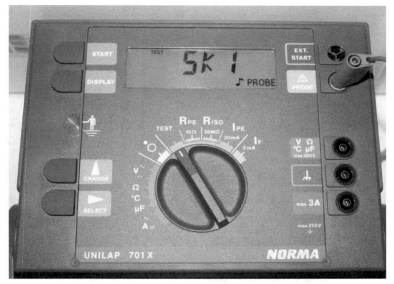

Bild 6.21:
Gerätetester

Die erforderlichen Messungen lassen sich hier auch einzeln durchführen, soll ein kompletter Testdurchlauf gefahren werden, dann ist der Drehschalter auf TEST zu stellen. Das Display zeigt hier an, dass ein Gerät der Schutzklasse I getestet werden kann, und dass die Prüfelektrode mit dem Gerät verbunden ist – den Stecker sieht man rechts oben. Der Anschluss des zu prüfenden Geräts erfolgt über eine Schuko-Steckdose, die hier nicht im Bild ist.

Neben einem Test der Schutzmaßnahmen ist mit diesem Gerät auch ein Funktionstest möglich, der Größen wie Wirkleistung und Phasenwinkel ermittelt. Darüber hinaus beinhaltet das Gerät auch noch ein Multimeter zur Messung der gängigen elektrischen Größen. Wir wollen hier jedoch nur die Tests der Schutzmaßnahmen näher betrachten.

Dazu wird das zu prüfende Gerät an den Gerätetester angeschlossen und seine leitfähigen berührbaren Teile mit der Prüfelektrode verbunden:

Bild 6.22:
Prüfling

Anschließend drückt man auf die Taste START, wartet einige Sekunden und erhält dann hoffentlich die Erfolgsmeldung:

Bild 6.23:
Erfolgsmeldung

Da es hier eine eindeutige Meldung über Erfolg oder Nichterfolg gibt, können diese Prüfungen auch von einer unterwiesenen Person (unter Anleitung und Aufsicht einer Fachkraft) durchgeführt werden.

Neugierige Personen können sich dann mittels der Taste DISPLAY die einzelnen Messergebnisse anzeigen lassen. Zunächst der Schutzleiterwiderstand:

Bild 6.24:
Schutzleiterwiderstand

202

Dann noch einmal der Schutzleiterwiderstand, nun jedoch mit gedrehter Polarität der Spannungsquelle:

Bild 6.25:
Schutzleiterwiderstand
mit gedrehter Polarität

Die Werte sind leicht unterschiedlich, aber beide weit von 0,3Ω entfernt. Es folgt der Isolationswiderstand:

Bild 6.26:
Isolationswiderstand

Dieser liegt über der Messbereichsgrenze. Somit liegt auch die Spannung der Isolationswiderstandsmessung über 500V:

Bild 6.27:
Spannung bei der
Isolationsmessung

Zuletzt der Schutzleiterstrom:

Bild 6.28:
Schutzleiterstrom

Auch dieser Wert ist deutlich unter 3,5mA – woher sollte bei einem intakten Kleingerät ohne Netzfilter auch ein Schutzleiterstrom herkommen.

6.4 Installationsprüfung

Wenn eine elektrotechnische Anlage errichtet wird, dann muss diese vor der ersten Inbetriebnahme geprüft werden. Bei Niederspannungsanlagen ist die anzuwendende technische Regel DIN VDE 0100-610 (Errichten von Niederspannungsanlagen – Prüfungen – Erstprüfung).

Diese Prüfung umfasst auch das Besichtigen und die Erprobung, wir wollen uns hier nur die durchzuführenden Messungen ansehen. Am Rande: Sowohl das Errichten von elektrotechnischen Anlagen als auch die dabei beziehungsweise danach durchzuführenden Prüfungen und Messungen sind Aufgabe entsprechend qualifizierter Elektrofachkräfte.

DIN VDE 0100-610 fordert die folgenden Prüfungen und empfiehlt, diese in der aufgeführten Reihenfolge durchzuführen:

- Durchgängigkeit des Schutzleiters und der Potentialausgleiche
- Isolationswiderstand
- Schutz durch Kleinspannung oder Schutztrennung
- Widerstand von isolierenden Fußböden und Wänden
- Schutz durch automatische Abschaltung der Stromversorgung (Leitungsschutzschalter und Fehlerstromschutzschalter)
- Spannungspolarität
- Drehfeldrichtung von Drehstromsteckdosen

6.4.1 Der Installationstester C.A 6111

Die einzelnen Messungen wollen wir uns gleich im praktischen Beispiel ansehen. Vorgestellt wird dabei der Installationstester C.A 6111 von Chauvin Arnoux.

*Bild 6.29:
Installationstester
C.A 6111*

Installationstester sind Geräte, die sich im praktischen Einsatz bewähren müssen, und zwar weniger durch Messgenauigkeit (teilweise erlauben die anzuwendenden Normen Abweichungen bis 30%), sondern durch die Details, welche die Anwendung einfach machen (oder manchmal auch nicht): Trageriemen zum umhängen des Geräts, eine aufgedruckte Kurzanleitung oder eine floureszierende Anzeige (nach dem Auslösetest eines Fehlerstromschutzschalters kann es ja auch mal dunkel sein...).

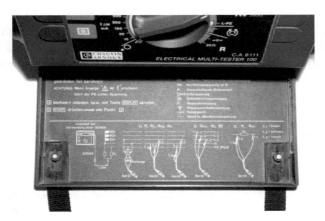

*Bild 6.30:
Aufgedruckte
Kurzanleitung*

Auch die Frage, welche Adapter beiliegen, und wo man mit Krokoklemmen „herumfummeln" muss, sollte bei einer Investitionsentscheidung berücksichtigt werden.

6.4.2 Durchgängigkeit von Schutzleiter und Potentialausgleich

Durch Messung ist nachzuweisen, dass der Schutzleiter und die Verbindungen zum Potentialausgleich durchgängig, das heisst niederohmig sind.

Einen Grenzwert definiert DIN VDE 0100-610 nicht, es wird empfohlen, sich an den sogenannten Widerstandsbelägen, also am zu erwartenden Leitungswiderstand zu orientieren.

Auch bezüglich der Durchführung der Messung gibt es nur eine Empfehlung: eine Gleich- oder Wechselspannungsquelle mit einer Leerlaufspannung zwischen 4 und 24 V und einem Strom von mindestens 0,2 A.

Geräte wie der C.A 6111 führen die Messung mit beiden Polaritäten durch: Verfälschen galvanische Spannungen das Messergebnis, dann kann dies erkannt werden, indem die beiden Ergebnisse verglichen werden.

Wenn man nacheinander alle Schukodosen abgeht und deren Widerstand zur Potentialausgleichsschiene misst, dann benötigt man üblicherweise eine Verlängerung der Messleitung, welche das Ergebnis verfälschen würde, könnte man sie nicht kompensieren. Nach Anschluss der Verlängerungsleitung stellt man den Drehschalter deshalb auf *<0>* und drückt auf *START*. Das Gerät ermittelt dann den Leitungswiderstand der Messleitungen und zieht diesen bei künftigen Messungen ab.

6.4.3 Isolationswiderstand

Der Isolationswiderstand muss zwischen jedem aktiven Leiter und dem Schutzleiter beziehungsweise Erde gemessen werden. Darüber hinaus wird in DIN VDE 0100-610 empfohlen, in feuergefährdeten Betriebsstätten den Isolationswiderstand zwischen den aktiven Leitern durchzuführen. (Der Hintergrund dieser Empfehlung ist die Sorge, ein hoher Strom zwischen den aktiven Leitern könnte zu einer deutlichen Erwärmung und dadurch zu einem Brand führen. Somit kann eigentlich nur empfohlen werden, diese Messung bei jeder Erstprüfung durchzuführen.)

Nennspannung des Stromkreises	Messgleichspannung	Isolationswiderstand
bis 50 V AC oder 120 V DC	250 V	> 0,25 MΩ
bis 500 V	500 V	> 0,5 MΩ
über 500 V	1000 V	> 1,0 MΩ

Tabelle 6.2:
Isolationswiderstand

Die Messung erfolgt mit Gleichspannung. Bei einem Strom von 1 mA muss das Messgerät mindestens die in Tabelle 6.2 genannte Gleichspannung aufbringen, der Isolationswiderstand muss dabei unter den oben genannten Werten liegen.

Wenn Bauteile Überspannungs-Schutzeinrichtungen beinhalten, dann darf die Messgleichspannung für den betreffenden Stromkreis bis auf 250 V reduziert werden.

Die Messung erfolgt bei freigeschalteter Anlage. Der Nullleiter muss gegebenenfalls manuell getrennt werden. Alle Schalter sind dagegen zu schließen. Verbraucher müssen jedoch nicht angeschlossen werden.

Zur Beschleunigung der Messungen können mehrere aktive Leiter verbunden werden. Besteht diese Parallelschaltung die Prüfung, dann gilt sie für jeden beteiligten Einzelleiter als bestanden. Gerade dann, wenn man den Isolationswiderstand auch zwischen allen aktiven Leitern messen möchte, ist dieses Verfahren sehr hilfreich.

Schutz durch Kleinspannung oder Schutztrennung

Der Schutz durch Kleinspannung oder Schutztrennung wird auch durch Messung des Isolationswiderstands zu aktiven Leitern nachgewiesen.

6.4.4 Schutz durch Abschaltung der Stromversorgung

Der Schutz durch Abschaltung soll gewährleisten, dass im Fehlerfall der Stromkreis durch einen Leitungsschutzschalter oder einen Fehlerstromschutzschalter getrennt wird.

Schutz durch Leitungsschutzschalter im TN-Netz

Bild 6.31 zeigt den prinzipiellen Aufbau eines TN-S-Netzes: Links haben wir die Windungen des Generators oder Transformators, diese sind an einem geerdeten Sternpunkt zusammengefasst. Ganz rechts finden wir die Verbraucher. Vor den Verbrauchern sind Leitungsschutzschalter, und dann haben wir natürlich noch Leitungswiderstände in allen beteiligten Leitern.

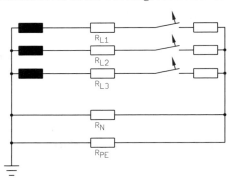

Bild 6.31: TN-S-Netz

Am Rande: Das Stromnetz ist üblicherweise ein TN-C-S-Netz, Nullleiter und Schutzleiter werden also auf dem Weg zur Trafostation zusammengefasst. Für unsere Betrachtungen können wir jedoch auch hier von getrennten Leitern ausgehen.

Nehmen wir nun an, es tritt ein Fehler nach dem Leitungsschutzschalter auf, und zwar ein Kurzschluss gegen Erde oder gegen Nullleiter. Es wird nun gefordert, dass der Stromkreis (bei Endstromkreisen) in 0,4 s getrennt ist. Sowohl Schmelzsicherungen also auch Leitungsschutzautomaten lösen umso schneller aus, je größer der Strom ist. Damit in 0,4 s ausgelöst wird, muss also der Strom groß genug sein. Damit dies der Fall ist, dürfen die Leitungswiderstände nicht zu groß sein.

Dabei interessiert nun nicht, welcher der Widerstände nun wie groß ist, sondern nur deren Summe. Beim Widerstand über L und PE spricht man von Schleifenwiderstand, der Widerstand über L und N ist der Netzinnenwiderstand.

Wir betrachten jetzt nur den Schleifenwiderstand, für den Netzinnenwiderstand gilt im Prinzip dasselbe. Für den Schleifenwiderstand gilt:

$$Z_s \leq \frac{U_0}{I_a}$$

Dabei ist U_0 die Nennspannung des Netzes und I_a der Auslösestrom. Für Leitungsschutzautomaten darf man annehmen, dass Automaten mit B-Charakteristik bei 5-fachem Nennstrom in 0,4 s auslösen und C-Automaten beim 10-fachen Nennstrom.

Für die normale Haushaltsinstallation mit 16 A-B-Leitungsschutzschalter würde also gelten:

$$Z_s \leq \frac{U_0}{I_a} = \frac{230\,V}{80\,A} = 2,88\,\Omega$$

Die Messgeräte für den Schleifenwiderstand dürfen eine Fehlergrenze von 20% haben, diese muss man noch vom Ergebnis abziehen, so dass der angezeigte Messwert unter 2,4 Ω liegen muss.

Wie funktioniert nun die Messung des Schleifenwiderstands. Betrachten wir Bild 6.32: Der Schleifenwiderstand ist hier R_S. Des weiteren wird die Netzspannung U gemessen. Über einen Triac lässt sich für kurze Zeit (beispielsweise eine Halbwelle) ein definierter Widerstand zuschalten, dabei wird der Strom I gemessen:

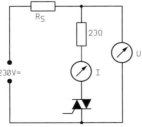

Bild 6.32: Messung des Schleifenwiderstands

209

Nehmen wir an, wir würden im Leerlauf 230 V und mit Last einen Strom von 9,583 A messen. Für den Strom gilt:

$$I = \frac{U}{R_S + 23\,\Omega}$$

Somit können wir R_S bestimmen:

$$R_S = \frac{230\,V}{9,583\,A} - 23\,\Omega = 1\,\Omega$$

Wenn bei der Erstprüfung der Schleifenwiderstand gemessen wird, sind üblicherweise noch keine Verbraucher angeschlossen, die das Messergebnis verfälschen könnten. Wir wollen aber mal durchrechnen, was passieren würde, wenn während der Messung ein Verbraucher am Netz wäre, dessen Widerstand ebenfalls 23 Ω beträgt:

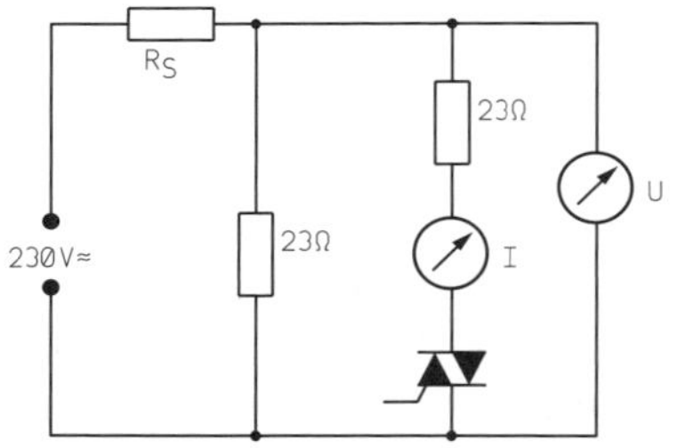

Bild 6.33:
Messung des
Schleifenwiderstands
im belasteten Netz

Zunächst einmal wird die Netzspannung sinken:

$$U = 230\,V \cdot \frac{23\,\Omega}{24\,\Omega} = 220,42\,V$$

Für den Strom im Belastungsfall gilt:

$$I = \frac{\dfrac{230\,V}{R_S + \dfrac{23\,\Omega}{2}}}{2} = \frac{230\,V}{2 \cdot R_S + 23\,\Omega} = 9,2\,A$$

Mit diesen Werten gehen wir in die vorher verwendete Formel (der Installationstester weiß ja nichts von der zusätzlichen Belastung):

$$R_S = \frac{220,42\,\text{V}}{9,2\,\text{A}} - 23\,\Omega = 0,9587\,\Omega$$

Das wäre eine Abweichung von etwa 4%. Wenn man bedenkt, dass eine Genauigkeit von 20% gefordert wird, dann erscheint das erträglich. Man sollte jedoch nicht vergessen, dass der Fehler umso größer wird, je mehr Strom der parallel geschaltete Verbraucher zieht. Insbesondere scheint der Schleifenwiderstand zu sinken und gaukelt eine höhere Sicherheit vor. Dies kann man aber vermeiden, wenn man das Ergebnis auf Nennspannung umrechnet:

$$R_S' = R_S \cdot \frac{230\,\text{V}}{220,42\,\text{V}} = 1,00036\,\Omega$$

Die Abweichung würde jetzt nur noch 0,037% betragen, und diese sind vollständig den Rundungsungenauigkeiten bei der Berechnung geschuldet (bei einer Berechnung mit MathCad wurde eine Abweichung von etwa 0,0000000000002442% ermittelt, egal, ob der parallel geschaltete Widerstand gleich groß war oder nur ein Zehnel davon). In der Praxis scheitern solche „Präzisionsmaßnahmen" allerdings daran, dass die Netznennspannung vom Kraftwerk nie ganz eingehalten wird.

Schauen wir uns die Messung in der Praxis an. Das Messgerät erlaubt, eine Erdsonde anzuschließen, also eine Leitung, die mittels Staberder mit dem Erdreich verbunden wird. (In stark bebauten Gebieten könnte man sie auch an die Heizung oder den Wasserhahn anklemmen). Mit Hilfe dieser Sonde wird die am Schutzleiter anliegende Spannung während der Messung ermittelt. (Da die Spannungsmessung hochohmig erfolgt, interessieren die Leitungs- und Übergangswiderstände der Sonde nicht weiter.)

Ansonsten ist die Messung wie üblich simpel: Stecker in die Steckdose, Drehschalter auf R_S *(L-PE)* und auf *START* gedrückt.

Bild 6.34:
Schleifenwiderstand

Als ermittelter Wert wird hier 0,44 Ω angezeigt. Des weiteren blinkt das Warnsymbol, wird werden gleich sehen, warum. Mit der Taste Display gelangt man dann zu den weiteren Werten.

Bild 6.35:
Kurzschlussstrom

Bis zum Auslösen des Leitungsschutzschalters würden 519 A fließen, das sollte einen 16A-B-Automaten ausreichend schnell werfen. (Man berücksichtige: eine Fehlerstelle ist auch selten optimal niederohmig.)

Bild 6.36:
Schutzleiterspannung

Nun sehen wir den Grund für die Warnung: Im Fehlerfall würde eine Spannung von 98 V am Schutzleiter und somit am Gehäuse anliegen, und das hat den Bereich der Schutzkleinspannung nun mal deutlich verlassen.

Die Sonde war hier an der Heizung angeklemmt. Somit können wir näherungsweise den Leitungswiderstand des Schutzleiters bis zur Potentialausgleichsschiene ermitteln:

$$R_{S,PE} = \frac{98\,V}{519\,A} = 0{,}189\,\Omega$$

Erdungswiderstand im TT-Netz

Bild 6.37 zeigt den prinzipiellen Aufbau eines TT-Netzes. Auf der Erzeugerseite ist der Sternpunkt des Generators oder Trafos geerdet. Bei einer Dreieckschaltung oder einer symmetrischen Sternschaltung auf der Verbraucherseite bedarf es keines Nullleiters, ansonsten muss dieser auch vom Erzeuger zum Verbraucher geführt werden.

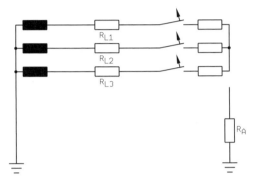

Bild 6.37
Erdung im TT-Netz

Im Gegensatz zum TN-Netz gibt es jedoch keinen Schutzleiter oder kombinierten Null- und Schutzleiter vom Erzeuger zum Verbraucher, die Schutzleiterfunktion übernimmt ein verbraucherseitiger Erder. Dieser muss im Fehlerfall einen ausreichend hohen Strom gewährleisten. Erschwerend kommt hinzu, dass dafür eine maximale Schutzleiterspannung von 50 V (in manchen Fällen gar nur 25 V) zulässig ist.

Für einen 16-A-Leitungsschutzschalter mit der Charakteristik B wäre demnach folgender Erdungswiderstand zulässig:

$$R_A = \frac{50\,V}{5 \cdot 16\,A} = 0,625\,\Omega$$

Es ist wohl leicht einsichtig, dass ein solcher Widerstand nur sehr schwer zuverlässig zu erreichen ist. Bei höheren Strömen und C-Automaten wird's dann gänzlich unmöglich und man muss zwingend Fehlerstromschutzschalter einsetzen. Das soll jetzt aber nicht unser Thema sein, sondern die Messung des Erdungswiderstandes.

Üblich ist dazu die folgende Schaltung:

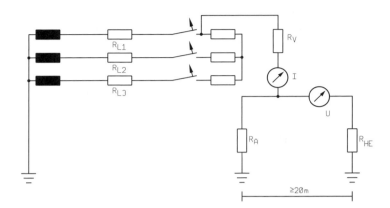

Bild 6.38
Messung des
Erdungswiderstands
im TT-Netz

Über einen Widerstand R_V wird ein Strom auf den Betriebserder gegeben. Dieser beträgt je nach Messbereich einige mA bis wenige Ampere. Für die Spannungsmessung wird ein Hilfserder benötigt: Dazu wird ein Erdspieß mehr als 20 m vom Betriebserder in die Erde gesteckt.

Das Einhalten dieser Entfernung ist wichtig, damit sich der Hilfserder nicht im sogenannten Spannungstrichter des Betriebserders befindet. Weniger relevant ist die niederohmige Verbindung mit dem Erdreich: Da hier eine hochohmige Spannungsmessung durchgeführt wird, verfälschen auch mittlere Übergangswiderstände das Ergebnis nur unwesentlich.

Aus dem Strom und der Spannung kann dann der Erdungswiderstand berechnet werden.

Wird ein Fehlerstromschutzschalter verwendet, dann richtet sich der maximal zulässige Erdungswiderstand nicht nach dem Auslösestrom des Leitungsschutzschalters, sondern dem wesentlich geringeren Auslösestrom des Fehlerstromschutzschalters. Bei einem 30 mA-RCD wären beispielsweise zulässig:

$$R_A = \frac{50\,\text{V}}{0,03\,\text{A}} = 1666,7\,\Omega$$

Prüfung des Fehlerstromschutzschalters

Für die Prüfung des Fehlerstromschutzschalters (RCD, früher FI genannt) gibt es zwei Verfahren:

- Beim Puls-Prüfverfahren wird der Nennfehlerstrom für die Dauer von üblicherweise 0,2 s erzeugt. Fehlerstromschutz-schalter müssen zwischen 50 % und 100 % ihres Nennfehler-stroms auslösen, so dass mit dem Nennfehlerstrom auf jeden Fall eine sofortige Auslösung erfolgen muss. Dabei wird dann die Zeit bis zum Abschalten des Stromkreises sowie die dabei auftretende Berührungsspannung gemessen.

- Beim Stetig-Prüfverfahren („Rampe") wird ein ansteigender Fehlerstrom erzeugt, der üblicherweise bei 10 % des Nenn-fehlerstroms beginnt. Auf diese Weise erfährt man auch noch, bei welchem Fehlerstrom der RCD auslöst.

Das Puls-Prüfverfahren ist weniger aufwendig, von daher kön-nen die Geräte günstiger hergestellt werden. In beiden Prüfver-fahren sollten die beiden folgenden Optionen vorhanden sein:

- Prüfung ohne Auslösung. Dazu wird ein Fehlerstrom unter 50 % des Nennfehlerstroms erzeugt und das Ergebnis entspre-chend hochgerechnet. Werden mehrere Dosen vom selben RCD gesichert, dann muss nur an einer Stelle mit Auslösung ge-messen werden (um die Funktion des RCD nachzuweisen), an allen anderen Stellen reicht eine Prüfung ohne Auslösung, um eine ausreichend geringe Berührungsspannung nachzu-weisen.

- Prüfung von selektiven RCD: Diese lösen zeitverzögert aus und können mit dem normalen Prüfverfahren nicht zuver-lässig getestet werden. Dabei wird zunächst eine Vorprüfung mit zu geringem Fehlerstrom durchgeführt, der Schutz-schalter darf dabei nicht auslösen. Anschließend wird eine Pause von 30 s eingelegt, damit sich das Speicherglied völlig entladen kann. Anschließend erfolgt die eigentliche Messung, welche den Schutzschalter auslösen sollte.

6.4.5 Spannungspolarität und Drehfeld

Eine DIN VDE-Norm, ob bei Schukodosen der Nullleiter links oder rechts zu liegen hat, gibt es nicht. Dieses Thema kann allerdings in „Hausnormen" geregelt sein. Manche DIN VDE-Normen (beispielsweise DIN VDE 0100-460) schreiben vor, dass einpolige Schalter nicht im Nullleiter eingebaut werden dürfen. Auch das wäre dann zu prüfen.

Drehstromdosen sind so anzuschließen, dass sich von vorne betrachtet ein Rechtsdrehfeld ergibt. Auch das wäre entsprechend nachzuweisen.

Index